제이쓴,
내 방을
부탁해

제이쓴 내 방을 부탁해
ⓒ제이쓴 2015

초판 1쇄 발행일 2015년 7월 1일
초판 5쇄 발행일 2017년 2월 10일

지 은 이 제이쓴(연제승)

출판책임 박성규
편   집 유예림 · 현미나 · 구소연
디 자 인 김지연 · 김원중
마 케 팅 나다연 · 이광호
경영지원 김은주 · 박소희
제   작 송세언
관   리 구법모 · 엄철용

펴 낸 곳 도서출판 들녘
펴 낸 이 이정원
등록일자 1987년 12월 12일
등록번호 10-156
주   소 경기도 파주시 회동길 198
전   화 마케팅 031-955-7374 편집 031-955-7381
팩시밀리 031-955-7393
홈페이지 www.ddd21.co.kr

I S B N 978-89-7527-704-7(13590)

값은 뒤표지에 있습니다. 잘못된 책은 구입하신 곳에서 바꿔드립니다.

「이 도서의 국립중앙도서관 출판예정도서목록(CIP)은 서지정보유통지원시스템 홈페이지(http://seoji.nl.go.
kr)와 국가자료공동목록시스템(http://www.nl.go.kr/kolisnet)에서 이용하실 수 있습니다.(CIP제어번호:
CIP2015016154)」

제이쓴, 내 방을 부탁해

제이쓴 지음

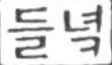

2014년, 내 이름을 건 첫 번째 책 『제이쓴의 5만 원 자취방 인테리어』가 나왔다. 기존 조명등을 어떻게 레일등으로 교체할 수 있는지를, 또 어떻게 하면 벽지와 장판을 교체할 수 있는지에 대한 기술과 노하우를 소개했다. 그리하여 현실은 월세·전세의 대란에 쫓길지라도 자신만의 공간을 갖고 싶어하는, 큰 꿈과 현실 사이에서 고민하고 있는 나와 같은 1인 싱글족들에게 조금이나마 도움을 줄 수 있기를 바라며 집필을 마쳤다.

그런데 벌써 두 번째 책?

나와 같은 사람들에게 도움을 주자고 시작했던 인테리어 재능기부인 '오지랖프로젝트'도 햇수로 2년째.
언제부터인가 한 부분이 아닌 공간 전체가 머릿속에 들어오기 시작했다. 전체적인 집의 구조를 꿰뚫고 채광을 고려하면서 어떤 재료들을 어떻게 쓸 것인지에 대한 생각들이 떠올랐다. 이러한 요소 하나하나를 퍼즐처럼 끼워 맞추니 큰 그림이 그려졌다.

하지만 그렇게 만든 공간은 의뢰인들의 취향이 반영되지 않은 디자인.
공간은 사람을 닮는다고 했다. 그런 공간을 만들어주기 위해 의뢰인들의 취향이 반드시 필요했다.

단순히 무슨 색을 좋아하고, 어떤 느낌을 좋아하는지가 아니다.

시시콜콜한 이야기가 필요했다. 그들이 왜 가족의 품을 떠나 낯선 곳에서 싱글족으로 살고 있는지, 무엇을 꿈꾸며 살며, 그동안 걸어온 인생은 어땠는지와 같은 지극히 개인적인 이야기들.

전라남도 순천에서 성장하다가 서울의 강남땅에 보금자리를 펴고 세련된 자기 모습을 꿈꾸는 사람.

결혼을 약속한 사람과의 헤어짐을 뒤로하고 다시금 새로운 출발을 원하는 사람.

구세군 후생원에서 자라 이제 막 성인이 되어 어쩔 수 없이 독립을 해야 하는 사람.

자신이 언제 빛나는지 잘 알고 있지만, 어떻게 다시 시작해야 하는지 모르는 사람.

사랑하는 가족들의 죽음으로 인해 어두워진 자신을 뒤로하고, 인생의 봄을 맞이하고 싶은 사람.

매달 나오는 월급에 취해 하고 싶은 일을 하지 않는 자신에게 미안함을 느끼는 사람.

이 시대를 살고 있는 우리네 이야기.

바로 이 사람들의 이야기 하나하나에 집중했다. 나는 이 이야기에서 고스란히 전해지는 취향들을 반영해 공간에 마음껏 풀고 싶었다.

첫 번째 책에서 저렴한 비용으로 간단하게 할 수 있는 인테리어 방법을 소개한 것과 달리 이번 책에서는 조금 더 손이 가더라도 개개인의 라이프스타일에 초점을 맞춰 의뢰인들이 꿈꾸는 실용적인 공간을 만드는 데 초점을 두었다. 검색하면 쏟아지는 천편일률적이고, 뻔한 인테리어 방법으로는 의뢰인들의 라이프스타일을 담을 수 없었다.

사람들은 저마다의 이야기를 품고 있고, 자신만의 색깔을 갖고 산다. 그렇기 때문에 삶도, 하루하루 보내는 일상은 물론 공간에 대한 생각도 다를 수밖에 없다는 게 내 생각이자, 또다시 책을 쓴 이유이기도 하다.

언젠가 공간에 대한 에세이를 쓰고 싶었다. 공간이 바뀌는 재미는 물론, 이 시대를 살아가는 1인 가구들의 이야기를 담고 싶었다. 내가 느꼈던 의뢰인들의 이야기가 이 글을 읽는 이들에게 진심으로 전달되었으면 좋겠다. 또한 내가 끊임없이 고민하며 구상했던 공간에 대한 아이디어와 정보들이 많은 사람들에게 도움이 되었으면 한다.

끝으로
이 모든 이야기를 책에 담을 수 있도록 허락한 여섯 의뢰인들,
아낌없이 격려와 응원을 보내주는, 갱년기를 보내고 있는 소녀 같은 우리 엄마,
그런 엄마를 넓은 마음으로 이해해주는 참 멋진 우리 아빠,

아들 키워봤자 소용없다는 걸 몸소 보여주며 객지에 있는 나 대신 효도 듬뿍 하
는 우리 누나.

그리고

나에게 이런 특별한 재능을 주고,
남에게 도움을 줄 수 있는 마음의 여유까지 물려준 그 '누군가'에게 감사한 마음
을 담아 이 책을 바친다.

차례

시작하는 이야기 5

CHAPTER 01
홈오피스 인테리어
심플하고 모던한 '서울러'의 자취방(11평, 1.5룸) 14

라이프스타일: 야근&야근, 창고가 되어버린 자취방&일중독자가 되어버린 '나'
ㅣ 라이프스타일+인테리어: 홈오피스, 아늑하게 일할 수 있는 사적인 공간 ㅣ 제
이쓴의 원포인트 인테리어레슨 ㅣ 인테리어 준비(주요 준비물·비용) ㅣ 셀프인테
리어작업: 거실 겸 큰방/ 작은방 ㅣ 인테리어소품활용 I : 우리 안에 잠든 소년소
녀의 감성을 일깨워주는 별빛 무드등

CHAPTER 02
화이트 모던 원룸 인테리어
새로운 삶을 위한 리스타터의 자취방(8평, 1룸) 42

라이프스타일: 아픈 과거가 남은 자취방에 머무르는 시간이 많아졌어요! ㅣ 라이
프스타일+인테리어: 치유와 새로운 시작을 위한 공간 만들기 ㅣ 제이쓴의 원포인
트 인테리어레슨 ㅣ 인테리어 준비(주요 준비물·비용) ㅣ 셀프인테리어작업: 주거
공간/ 주방공간 ㅣ 인테리어소품활용 II : 버킷리스트를 담은 냉장고

CHAPTER 03
가장 실용적인 투룸 인테리어
홀로서기 열아홉 청춘의 자취방(12평, 2룸) 76

라이프스타일: 독립해야 하는 열아홉 성인의 첫 번째 자취방 ㅣ 라이프스타일+ 인테리어: 월세 자취방에서 할 수 있는 가장 실용적인 인테리어 ㅣ 제이쓴의 원포인트 인테리어레슨 ㅣ 인테리어 준비(주요 준비물·비용) ㅣ 셀프인테리어작업: 작은방/ 주방 및 거실 ㅣ 인테리어소품 활용Ⅲ: '모정'이 담긴 목화나뭇가지

CHAPTER 04
라이프스타일을 살린 투룸 인테리어
메마른 일상에 찌든 직장인의 라이프스타일 되찾기 프로젝트(14평, 2룸) 108

라이프스타일: 온전히 나만을 위한 공간이 필요해! ㅣ 라이프스타일+인테리어: 응접실은 물론 작업실까지, 오직 나에게 맞춘 공간 스타일링 ㅣ 제이쓴의 원포인트 인테리어레슨 ㅣ 인테리어 준비(주요 준비물·비용) ㅣ 셀프인테리어작업: 작은방/ 큰방/ 거실 ㅣ 인테리어소품 활용Ⅳ: 지금부터 당신의 일상을 그려놓을 캔버스

CHAPTER 05
안식과 위안의 투룸 인테리어
사별한 가족의 자취가 남은 자취방의 변신(18평, 3룸) 142

라이프스타일: 편안해야 할 집에 부담스럽고 슬픈 공간이 가득하네요! ㅣ 라이프스타일+인테리어: 옛 추억을 바탕으로 미래를 꿈꾸는 공간 만들기 ㅣ 제이쓴의 원포인트 인테리어 레슨! ㅣ 인테리어 준비(주요 준비물·비용) ㅣ 셀프인테리어작업: 작은방/ 거실/ 큰방 ㅣ 인테리어소품 활용Ⅴ: 화장실은 어떻게 셀프인테리어를 할까?

CHAPTER 06
작업실 인테리어
창작욕을 자극하는 '펑크 락' 작업실 자취방(12평, 2룸) 174

라이프스타일: 무의미해서 불안한 일상, 파격적이고 신선한 작업실을 만들다 ㅣ 라이프스타일+인테리어: 파격적인 공간을 만들어 새로운 출발을 모색하다 ㅣ 제이쓴의 원포인트 인테리어 레슨! ㅣ 인테리어 준비(주요 준비물·비용) ㅣ 셀프인테리어작업: 큰방/ 거실/ 주방/ 작은방 ㅣ 인테리어소품 활용Ⅵ: 무궁무진한 빛깔의 미래를 담은 캔버스

끝맺는 이야기 214

#1

홈오피스 인테리어
심플하고 모던한 '서울러'의 자취방

심플하고
모던한
'서울러'를
꿈꾸다!

서울, 이곳은 나에겐 기회의 도시이다.

지방에서 태어나고 자라온 나 같은 많은 사람들에게 문화의 중심인 서울은 동경의 대상이다.

나는 스무 살 때 대학을 그만두었기 때문에 이력서 학력란의 끝은 고졸이 전부였다. 물론 주변의 암묵적인 따가운 시선을 받아도 아랑곳하진 않았지만, 호주에 있을 당시 세계여행을 준비하던 나는 한국에 있는 누나와 통화 중 "대학 다시 가보는 건 어때?"라는 말을 듣고 마음이 흔들렸다.

다시 한 번 대학에 가보고 싶었다. 그것도 서울에서 대학생활을 꼭 해보고 싶었다. 이유? 그냥 서울이 좋았다.

나는 호주에서 돌아오자마자 대학 진학을 위해 노량진에서 수능을 준비했다.

**아침 여섯 시에 일어나 새벽 한 시까지
서울에 있는 대학교에 들어가기 위해
쏟아부은 스물다섯 청춘.**

결과를 알 수 없는 공부였기에 내가 제대로 하고 있는 것이 맞는지 수백, 아니 수천 번 나 자신에게 물음을 던졌던 그 때가 떠올랐다.

"제이쓴……?"

이번 의뢰인이 부르는 소리에 내 생각이 멈췄다.

"아, 죄송해요. 이야기를 듣다 보니 제 옛날 생각이 나서요……."

이번 의뢰인은 올해 서른이 되는 세무사. 원래 회계사를 목표로 공부했다고 했다. 하지만 그 현실이란 벽은 너무 높아 고심 끝에 세무사로 눈을 돌렸고, 노력과 정성을 아끼지 않은 긴 시간 끝에 세무사가 되었다고 한다.

그의 이야기를 듣고 있자니 스물다섯에 수능을 준비하던 내 모습이 떠올랐다. 동질감이랄까?

수능도 보통일이 아니라고 생각했지만, 국가고시를 준비하던 그의 모습과 내 모습이 교차되며 그가 가시밭길을 걸어왔을 거라는 생각에 왜 그렇게 마음이 쓰이던지.

"처음 세무사에 합격하고 무작정 서울로 오고 싶었어요. 서울의 광화문, 여의도, 강남 등지에서 멋진 정장을 입고 출퇴근하는 나의 모습을 상상해보는 그런 거요."

그는 결국 서울로 상경하게 되었다. 첫 자취방은 보증금 천만 원에 월세 45만 원인 신림동 5평 정도의 공간.

하루가 멀다 하고 계속되는 야근도 모자라 일거리를 싸들고 집에서 업무를 봐야 했지만, 5평도 안 되는 공간은 개인 짐을 풀어놓기에도 턱없이 부족했다. 때문에 신림동 자취방은 창고와 같았다고 한다.

어마어마한 물가, 꿈을 담기엔 벅찬 현실 그리고 현실을 너무나 여실하게 보여주는 자취방. 그럼에도 그는 꾸준히 직장을 다니고, 한 푼 두 푼 아끼며(물론 대출을 받아) 강남 논현동에 전세로 들어오게 되었다.

5평이 아닌 11평의 1.5룸으로 옮기는 만큼 이번에는 오랫동안 꿈꿔온 일상을 누려보고 싶었다고 한다.

"제이쓴! 우리 같은 지방 사람들이 강남이라는 곳에서 한번 살아보고 싶은 거 있잖아요!!!! 하하하."

그리하여 찾아간 의뢰인의 논현동 원룸은 손볼 곳이 너무나 많을 것 같았다. 하지만 서울에서 동갑내기 친구를 만났다는 반가움과 이름 모를 동질감으로 셀프인테리어를 시작했다.

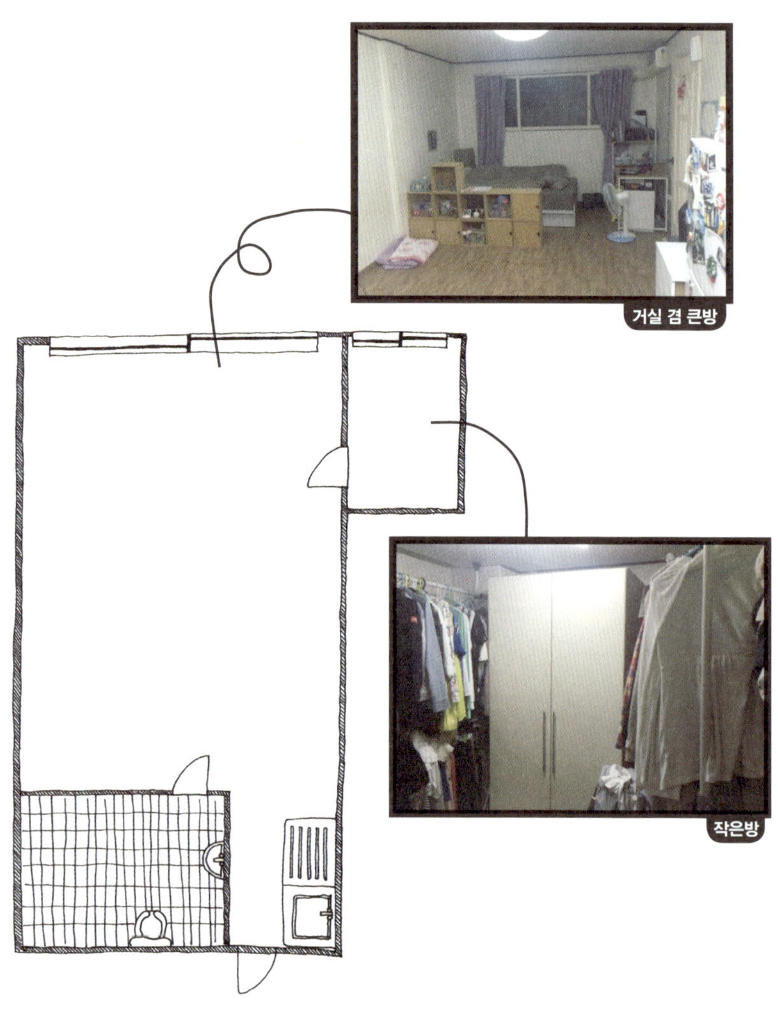

평면도　|　11평/1.5룸　|　BEFORE

▶▶▶ 홈오피스: 아늑하게 일할 수 있는 사적인 공간

11평에 방은 1.5룸. 창문은 정남향이지만, 주변에 건물이 밀집되어 있어 한낮에도 채광이 좋지 않다. 인테리어 작업에서 가장 중요한 의뢰인의 라이프스타일을 들어 보니 세무사란 직업은 아무나 하는 게 아니다. 야근은 기본, 집에까지 일거리를 가져와 업무를 봐야 한다. 하지만 좁은 자취방에 작업공간을 따로 만든다는 건 쉽지 않은 일. 설령 일하는 공간이라 하더라도 사무실과 달리 아늑하고 여유로운 느낌을 줘야 집답지 않을까. 나뿐 아니라 의뢰인의 바람도 똑같았다.

우선 두 룸 중 거실 겸 큰방을 홈오피스의 중심으로 잡았다. 이곳을 아늑한 분위기에서 일할 수 있는 공간으로 꾸미기로 했고, 작은방은 온전히 쉴 수 있는 공간으로 만들 작정이다. 현재 거실 겸 큰방에 떡하니 자리 잡은 침대를 작은방으로 옮기고, 작은방에 쌓여 있던 옷들은 이참에 정리를 해서 자주 입는 옷은 거실에 행거를 달아 걸기로 했다. 그리고 침대가 있던 공간에는 1.8미터짜리 대형 테이블을 놓는다.

의뢰인의 거실 겸 큰방은 면적이 여섯 평 정도 되어 큰 테이블을 놓는다고 해서 자리를 잡아먹힐 염려는 없다. 이렇듯 큰 테이블을 놓아주면 여러 모로 활용도가 높다. 일거리를 놔두고 옆에서 라면을 끓여 먹을 수도 있고, 각종 서류며 생활도구가 바닥에 나뒹구는 사태를 최소한 테이블 위로 제한할 수 있는 순기능(?)도 한다. 거실 겸 큰방에는 형광등이 있었다. 하지만 여섯 평 남짓한 공간을 구석구석 비추기에는 턱없이 부족하다. 오랫동안 일을 하는 의뢰인의 눈 건강에 악영향을 끼칠

viva
CUBA

20 ///// 21

것 같다. 레일등을 사용하여 적은 양의 전기를 쓰면서도 더 밝은 빛을 내는 LED 등으로 교체하여 아늑한 분위기를 살리기로 결정!

원래 의뢰인이 현대적이고 도시 느낌이 물씬 풍기는 스타일을 원하는 것 같아 화려한 색감으로 포인트를 주고, 팝아트적인 요소를 인테리어에 많이 활용할 생각이었다. 하지만 의뢰인이 좋아하지 않았다. 의외였다. 좀 더 자세하게 이야기를 들어보니 자취방이 심플하지만 세련되었으면 좋겠다고 한다.

의뢰인의 자취방 바닥재를 보니 '데코타일 멀티' 제품으로 여느 자취방에서는 찾아볼 수 없을 정도로 고급스러운 마감재이다. 하지만 벽과 형광등이 받쳐주지 않아 제 빛을 발휘하지 못하고 있었다! 그래서 구상한 것이 노출 콘크리트! 은은한 그레이 톤으로 모던한 느낌을 강조하면서, 동시에 레일 조명으로 빛을 각 공간으로 보내 바닥도 제 빛을 찾게 할 생각이다. 이렇게 하면 집이 흡사 갤러리처럼 보이는 효과도 기대할 수 있지 않을까?(현재 TV와 소파는 없지만, 나중에 구입할 생각이라는 의견까지 반영했다.)

작은방은 거실 겸 큰방과 같은 모던한 분위기에서 탈피할 작정이다. 직장의 사무실, 자취집 큰방 모두 업무가 주가 되는 공간이기 때문에 다른 느낌을 주는 것이 좋다. 좁은 공간이지만 나름의 테마를 줄 생각이다. 이 방은 들어오면 아무 생각 없이 무조건 푹 쉴 수 있는 공간으로 꾸미기로 했다. 메인 컬러는 지친 몸과 마음을 치유해줄 수 있는 화이트로 결정했다. 목재를 사용해서 자연스럽게 꾸며 편안한 잠자리를 만들어줄 작정이다.

1. 공간(룸)의 용도와 컨셉 먼저 확실히 구상하라!

거실 겸 큰방: 업무를 우선 생각하되, 직장과는 다른 분위기를 담은 홈오피스.

작은방: 업무에서 벗어나 심신이 편안하게 쉴 수 있는 공간.

2. 홈오피스엔 널찍한 테이블이 활용도가 높다!

공간의 면적이 여유 있으면 큰 테이블(1.8m)이 유용하다. 서류뭉치, 노트북, 라면냄비가 공존할 수 있다. 비좁은 자취방에 손님이 왔을 때 응접 테이블로도 손색없다.

3. 조명, 벽, 바닥 중 교체하지 않는 것을 리모델링의 기준으로 삼아라!

바닥재(월넛색)를 교체하지 않기 때문에 조명과 벽이 바닥 색상에 어울리도록 신경을 쓴다. 깔끔하고 심플한 의뢰인의 취향을 살려 벽지는 노출콘크리트(회색)로, 조명은 레일등을 사용하여 구석구석 밝고 아늑한 빛을 느끼게 한다.

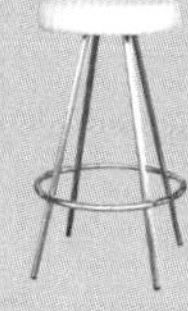

거실 겸 큰방

준비물	비용	판매처 or 상품명
노출 콘크리트 문양 실크 벽지 3롤 (1롤당 폭1.06m × 길이 15.6m)	117,000원(롤당 39,000원)	신한실크벽지 (SH-9116-3 노출콘크리트)
수성페인트 착색재 흑색 1개	3,000원	KCC(온·오프라인)
검정색 레일 8m	40,000원	베스트조명(11번가)
전원마감잭 1개	1,500원	베스트조명(11번가)
ㄱ자 레일 연결잭 4개	10,000원(개당 2,500원)	베스트조명(11번가)
ㅡ자 레일 연결잭 3개	4,500원(개당 1,500원)	베스트조명(11번가)
검정색 레일 나팔등 5개	21,000원	베스트조명(11번가)
6인용 원목 식탁(반DIY제품) : 네이처 DIY용 식탁 겸 테이블(1800×700cm)	120,000원대	필웰
원목의자 4개	40,000원(개당 1만 원)	중고나라 직거래
검정색 행거	10,000원대	이케아
검정색 철제 캐비닛	80,000원대	마켓비
검정색 알루미늄 블라인드(맞춤형)기본 70x90cm	6,200원부터	롯데아이몰(코디하임)
러그	20,000원대	한일카펫

작은방(침대방)

준비물	비용	판매처 or 상품명
아이스크림 펜던트 1등	7,000원	비비나 라이팅
라피아 끈(약 90m)	3,000원	알파문구
랩, 풍선(혹은 짐볼 같은 원형 물체)		
화이트 커튼 무지	9,000원	이케아
화이트 커튼 레일	5,000원	철물점
슈퍼싱글침대	300,000원대	잉글랜더
침대커버	50,000원대	11번가

공통

준비물	비용	판매처 or 상품명
숲으로 내부 수성용 페인트(4L)	7,900원	KCC(온·오프라인)
친환경 도배풀(가루형)500g	5,000원	철물점·벽지판매점
페인트롤러, 붓, 도배붓, 페인트 트레이	각 1,500~2,000원	철물점
커터칼, 신문지, 면장갑, 드라이버		

Self
Interior
Start!

▶▶▶ 벽

'도배'라고 하면 많은 사람들이 꽤 능숙한 기술이 필요하다 생각한다. 돈 아끼려고 직접 하려다 망치지 말고 기술자를 부르는 게 낫다고 여긴다. 하지만 도배는 생각만큼 어렵지 않다. 도배지는 크게 합지 벽지와 실크 벽지로 나뉜다. 합지는 폭이 넓지 않기 때문에 도배 경험이 없는 초보자도 할 수 있고, 가격도 저렴하다. 실크 벽지는 합지 벽지에 비해 폭이 넓고 무늬가 다양하다. 그만큼 선택의 폭 또한 넓다. 또 이물질이 묻었을 때 물걸레질도 할 수 있다. 하지만 폭이 넓어서 혼자 작업하기 힘들고, 합지에 비해 가격도 비싸다.(공간이 넓지 않으면 '풀 바른 벽지'라고 해서, 말 그대로 풀이 발린 벽지를 구입해서 벽에 붙여도 된다.)

우선 기존 걸레받이를 커터칼로 제거한다.**A** 집의 걸레받이는 PVC 재질로 된 스티커가 대부분이다. 제거해보면 간혹 스멀스멀 곰팡이가 피어 있는 모습을 볼 수 있다.**B** 날씨 혹은 계절적인 요인에 따라 벽에 습기가 스며드는 시기가 있는데, PVC 재질의 걸레받이는 통풍이 안 되기 때문에 곰팡이가 생길 수도 있다. 만약 기존 걸레받이를 제거한 자리에 곰팡이가 있다면 제거 후 하루 정도 말린 다음 도배해야 한다.

실크 벽지를 붙일 때는 반드시 가루풀을 사용해서 풀을 만들어야 한다.**C** 물풀은 접착력이 떨어진다. 물을 먼저 넣고 가루풀이 뭉치지 않게 저어주면 30분 정도 지나면서부터 점성이 생기는 것을 확인할 수 있다.(물의 양과 가루풀의 혼합비율은 제조사마다 다를 수 있다. 반드시 사용설명서를 확인해야 한다.)

벽지는 공간의 벽 높이에 맞게 재단한다.**D** 도배붓으로 도배풀을 꼼꼼하게 발라준다. 가장자리는 특히 도배풀을 넉넉히 발라준다.**E** 가장자리에 풀이 잘 발리지 않으면 도배작업을 할 때도 잘 붙지 않고, 건조한 후에도 벽지가 뜨게 된다.

도배풀을 바른 도배지는 한쪽 1/4 정도 접고,**F** 반대쪽 역시 1/4 지점을 접고 10~15분 정도 도배지에 풀이 잘 스며들 때까지 기다린다.**G** 도배지가 빳빳한 종이가 아닌 물기를 머금은 종이처럼 변하면 벽에 붙여도 된다는 신호이다.**H**

풀이 고르게 먹은 도배지 한쪽을 편 다음 몰딩에 맞춰 붙인다.**I** 마른 걸레로 위에서부터 아래로 쓸어내리듯 붙이고 미리 접어둔 나머지 부분을 편 다음 부착한다.**J** 하루 정도 완전하게 말린다. 처음에는 벽지가 살짝 우는 부분도 있는데 건조되면 완벽하게 접착된다.**K** 의뢰인의 거실 겸 큰방은 오피스 겸 카페 같은 느낌을 살리기 위해 걸레받이는 따로 시공하지 않았다.(노출콘크리트 문양은 가로선이 있기 때문에 일일이 선을 맞춰줘야 보기에 좋다. 때문에 작업 시간이 길어질 수 있다.)

무늬가 없는 벽지로 도배를 하면 천장까지 하는 것이 미관상 좋다. 하지만 이번 작업은 노출콘크리트 벽지를 사용해서 천장까지 도배를 하면 답답한 느낌을 줄 수 있다. 천장은 비슷한 채도의 컬러를 사용해서 페인팅을 한다.

마침 작은방에 흰색 페인트를 사용할 계획이라 따로 컴퓨터 조색을 하지 않고, 수성착색제를 사용해서 벽지 컬러를 직접 만들었다. 방법은 간단하다. 수성착색제**L**를 넣어 벽지 컬러와 맞추면 된다. 수성착색제는 아주 조금만 넣어도 색깔이 확연하게 달라지기 때문에 조금씩 넣어가며 색을 만들어가야 한다.**M** 원하는 컬러가 만들어지면 전체 페인트 양의 약 5% 정도의 물을 섞고 천장을 페인팅해주면 된다.**N**

수성착색제
YY910 - 1999(T)
흑색 0.5L

▶▶▶ **조명**

넓은 공간에 비해 형광등 불빛이 턱없이 부족했다. 형광등을 LED 등으로 바꾼다 하더라도 구석구석 빛을 보낼 수 없는 구조다. 특히나 집에서도 업무를 봐야 하는 의뢰인의 특성을 생각하면 좀 더 밝고, 눈이 편안한 조명은 필수이다.

그래서 선택한 조명기구가 바로 레일등**A**이다. 레일등과 LED 전구를 사용하면 기존 조명기구보다 전기를 덜 소비하면서 더 밝은 빛을 사용할 수 있다. 또한 천장에 원하는 대로 레일을 디자인할 수 있어 밝은 불빛이 필요한 공간 바로 위에 등을 달 수 있다.

누전차단기(일명 '두꺼비집')를 내린 다음 기존 조명등을 제거하면 두 가닥의 선이 나온다.**B** 이 선을 레일부속품**C**에 연결해준 다음**D** 커버를 나사로 조여 매듭한다.**E** 레일 부속품**F**을 레일에 연결하고,**G** 레일을 다시 천장에 연결해주면 된다.**H** 이렇게 하면 기본적인 1단 레일이 완성된다.

의뢰인의 거실 겸 큰방은 공간이 꽤 넓기 때문에 1단 이상의 레일이 필요하다. 2단 이상의 레일을 만들 때 필요한 것이 바로 레일연결잭이다.**I** 기본 일자형 외에 ㄱ자, ＋자, T자는 물론 곡선을 만들기 위한 자바라형 연결잭도 있다. 연결잭은 레일과 레일을 연결해준 다음**J** 나사로 고정하면 된다.**K** 레일등은 가격도 저렴하고, 가구나 인테리어 배치에 따라 불빛이 필요한 곳에 등을 달 수 있어서 나는 인테리어 작업을 할 때 조명으로 레일등을 자주 활용한다.**L**

의뢰인의 주요 작업공간이 될 1.8m의 넓은 책상은 레일등 조명만으로는 부족한 느낌이 들어 펜던트 등 세 개를 따로 달아주었다.(펜던트 등은 한 개당 8,000원 정도로 저렴하고, 직접 만들 수도 있다.) 펜던트 등에 조명갓을 만들면 모던한 분위기에 산뜻한 느낌을 연출할 수 있다. 빵끈을 빨대 안으로 넣어 직육면체 모양을 만들어준 다음**M** 펜던트 등에 연결하면 된다.**N** 전구는 LED 8W를 사용했다. LED 전구는 열 방출이 없어 빨대가 녹을 염려가 없다.(백열전구를 사용하면 안 된다. 빨대로 만든 조명갓이 열에 녹기 때문이다.)

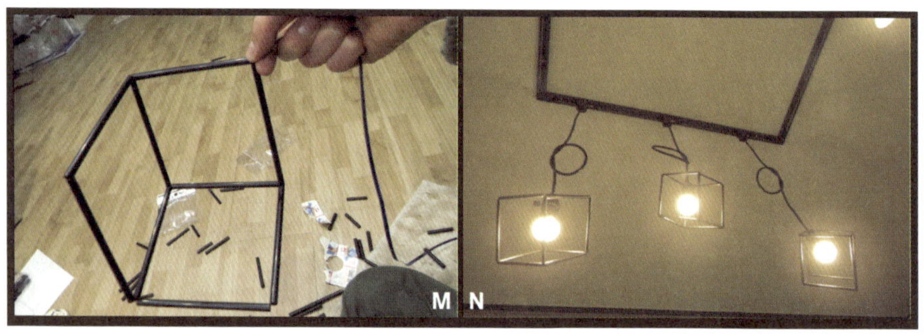

AFTER

▶▶▶ **벽**

작은방은 어떻게 꾸미면 좋을까? 거실 겸 큰방에 맞춰 노출 콘크리트 효과로 통일되게 맞춰주어야 할까? 절대 그렇지 않다. 거실 겸 큰방에 작은방까지 모던한 분위기를 풍긴다면 집 같은 아늑한 느낌을 받기 힘들다. 거실 겸 큰방은 사무실에서 미처 하지 못한 업무를 집에 와서까지 해야 하는 상황을 어쩔 수 없이 반영했다. 그렇다면 남은 공간은 일에서 풀려나 푹 쉴 수 있는 느낌을 줘야 하지 않을까?

이 공간을 처음 봤을 때부터 나는 침대방으로 쓰기에 적합하다고 생각했다. 이 공간은 이 집에서 채광이 가장 좋고, 침대 하나 들어가기에 딱 맞는 넓이였다. 또한 지극히 개인적인 생각이지만, 아무리 원룸이라도 현관문을 막 열었을 때 침대가 보이면 그 집에 좋은 인상을 받을 수 없다. 나의 지인은 물론, 안면을 튼 택배기사 분들에게 들었던 공통된 이야기이기도 했다.

의뢰인 또한 작은방을 침대방으로 쓰는 데 동의했다. 좁은 공간인 만큼 화이트 페인팅으로 답답하지 않게 연출하고, 조명으로 포인트를 주기로 결정했다. 이곳의 바닥재 또한 거실 겸 큰방과 마찬가지로 데코타일이어서 벽과 조명을 바닥과 조화롭게 꾸미는 것이 관건이다.

이곳의 장롱은 이전 세입자고 놓고 간 것이다.**A** 좁은 공간에 옷장이 지나치게 크면 공간이 더욱 좁고 답답한 느낌이 든다. 나는 과감하게 장롱을 버렸다.**B,C** 필요 없는 짐, 가구를 정리하는 것은 셀프인테리어의 선행 조건이다.

바닥은 따로 교체를 하지 않기 때문에 커버링테이프를 붙여 페인팅 작업을 할 때 페인트가 묻는 것을 방지한다.**D** 콘센트, 스위치커버에도 커버링테이프, 마스킹테이프를 붙여주는 것을 잊지 말자. 수성페인트를 트레이에 붓고 총 용량의 약 5% 범위에서 물을 섞어 발라주면 된다.(기본 2회 이상)**E**

조금이나마 여유가 있는 공간이라면(이 집의 거실 겸 큰방처럼) 천장 몰딩 컬러를 벽과 달리해도 되지만, 이 집의 작은방처럼 경계선이 뚜렷하게 나뉘어 있으면 더욱 좁아 보이게 된다. 때문에 하얀색 페인트로 벽과 몰딩의 색을 맞췄다.**F** 이 몰딩은 나무몰딩이라 페인팅이 쉽지만, 체리색 몰딩으로 된 자취방도 많다. 이 경우 대개 페인트가 잘 발리지 않는 시트지가 붙어 있기 십상이다. 하지만 젯소를 1~2회 정도 바르고 완전하게 건조하면 페인팅 작업을 할 수 있다.

▶▶▶ 침대, 커튼

화이트 톤으로 벽을 칠하고, 가구와 작은 소품마저 무늬 없는 비슷한 색상을 맞춰주면 공간에 생기가 없다. 채광을 살리기 위해 어쩔 수 없이 커튼은 흰색을 선택했다.(커튼 봉 대신 커튼 레일을 달았다.)**G** 때문에 침대커버는 체크무늬를 선택했다. 체크 패턴도 굵은 제품을 사용하여 단조로움을 피했다.**H**

▶▶▶ **조명**

작은방도 거실 겸 큰방과 마찬가지로 벽→ 바닥→ 조명 순서로 작업한다. 전체적으로 '화이트+원목' 톤의 큰 그림을 잡았지만, 조명은 쉽게 결정하지 못했다. 이렇듯 좁은 공간은 조명에 따라 분위기가 180도로 바뀐다. 선택하는 데 많은 고민이 뒤따랐다. 인터넷에서 몇 날 며칠을 검색해보았지만, '이거다!' 하고 눈에 들어오는 조명등이 없었다. 하는 수 없이 직접 만들기로 했다.(내가 만든 이 제품은 인터넷에서 조명기구를 제외하고 등갓만 구입하려면 15만 원 정도 든다. 게다가 인터넷에서 판매하는 제품은 맞춤으로 제작되지 않고 크기가 고정되어 있어서 여건에 맞게 사용할 수도 없다.)

우선 도배용 풀(없다면 밀가루풀), 라피아 끈(종이끈), 랩과 칼 그리고 조명갓 틀(짐볼 혹은 바람을 뺄 수 있는 원형 물체)을 준비한다.**I** 원형물체를 랩으로 꼼꼼하게 감싸준다.**J, K** 미리 준비해둔 도배용 풀 혹은 밀가루풀에 라피아 끈(종이끈)을 묻혀가며 감는다.(풀을 묻혀 감을 때 조명등이 들어갈 수 있는 여유공간을 남겨두어야 한다.)**L** 볕이 잘 드는 곳에 하루 정도 말리면 라피아 끈이 완벽하게 굳는다.**M** 원형의 끈 안에 있는 원형물체의 바람을 빼준 다음**N,O** 새로 교체한 조명등을 와이어 혹은 케이블타이 등으로 고정해준다.**P**

I
J
K
L
M
N
O
P

AFTER

우리 안에 잠든
소년소녀의 감성을 일깨워주는
별빛 무드등

동갑내기에, 지방에서 올라온 공통점이 있기 때문일까? 지금껏 오지랖 프로젝트를 하면서 수많은 의뢰인들을 만났지만, 이번 의뢰인만큼 공감대가 많은 친구도 드물었다.

우리는 국민학교에 국민학생으로 입학했다가 3학년 때 초등학교, 초등학생으로 개명(?)했고, 중학생 땐 수학여행 장기자랑 자리에서 각 학급의 HOT, 젝스키스, 핑클들의 공연을 질리도록 봤다. 고등학교 1학년 여름, 2002년에는 월드컵의 감동을 함께 맛보았다.

주민등록증을 받아든 순간도 기억이 생생한데, 언제 이렇게 훌쩍 성인이 되었을까? 비록 '어른'이 되고 나이를 먹어가지만, 누구에게나 말하지 못할 어린 시절의 소년, 소녀의 감성은 존재한다.

아무리 나이가 들더라도 우리 마음속에 자리잡은 소년, 소녀의 감성을 일깨워줄 인테리어 소품이 있다. 별빛 무드등. 어린 시절 별과 달이 뜬 밤하늘은 널따란 동화책이자 상상력의 도화지였다. 그곳에는 떡방아를 찧고 있는 토끼가 있었고, 환한 대낮에 제 모습을 보이기 부끄럽다며 깜깜한 밤에 달이 되어 나타난, 「해님과 달님」의 누이가 있었다.

잠들 때까지 잠시나마 우리 안에 숨어 있는 소년을 불러보면 어떨까? 좁디좁은 침실에서 하루를 마감하는 시간에 의뢰인이 그런 여유를 갖길 바라는 마음으로 별빛무드등을 선사했다.

준비물: 별빛 무드등(스타마스터/4천 원대)

#2

화이트 모던 원룸 인테리어
새로운 삶을 위한 리스타터의 자취방

쓸쓸한 추억이 남은 공간에 치유와 희망을!

지난 설 본가인 집에 내려갔다.

나의 아버지께서 맏이이기 때문에 친가 친척들이 우리 집에 모인다.

사촌동생인 J는 대학에 입학하게 되었다며 설레는 모습을 보였고, K는 이번에 고3이라며 1년 동안 어떻게 공부하느냐며 걱정스러운 모습을 보였다.

그렇게 서로의 안부를 묻기 시작했다.

대화의 화살이 자연스럽게 나한테 날아올 거라는 예상은 틀리지 않았다.

"그래서 제이쓴은 언제 결혼해?"

결혼이라……. 글쎄, 솔직히 말하자면 결혼에 대해 긍정적인 편도, 그렇다고 부정적인 편도 아니다. 정확하게 말하자면 진지하게 생각해본 적이 없다는 뜻이다.

솔직히 고백하건대 정말 마음에 드는 배우자를 만난다면 내일 당장이라도 결혼할 수 있다고 가볍게 생각했던 것이 사실이다. 그런데 2013년, 정확히 2년 전 결혼이 결코 가볍지 않다고 말해준 사건이 하나 있었다. 이 세상에 하나밖에 없는 피붙이인 누나가 결혼을 준비하던 상대와 이별을 하고 말았다.

결혼은 남자와 여자가 만나 가정을 이루는 것뿐만이 아닌 집안과 집안의 만남이라고 했던가.

어떤 이유 때문인지는 너무나 개인적인 것이라 자세히 말할 수는 없지만 부모님께서 완강히 반대하셨고, 누나는 부모님 뜻을 거스르면서까지 결혼하고 싶지 않다는 결론을 내리고, 결국 연인과 헤어지고 말았다. 누나는 꽤 오랜 시간 동안 마음을 잡지 못했다. 그 슬픔을 이겨내는 데 1년이라는 시간이 걸렸다.

정말 남녀 관계는 손 잡고 예식장 들어갈 때까지 모른다는 말이 사실인 것 같다. 나의 누나처럼 안타깝게 결혼을 하지 못한 친구들 혹은 지인들의 이야기는 심심치 않게 들을 수 있다.
"결혼을 전제로 2년 동안 교제해온 여자친구와 헤어졌습니다. 제가 새로운 출발을 할 수 있게 도와주십시오."

수많은 메일을 아무 표정 없이 읽어내리고 있는데, 이번 의뢰인이 남긴 문장 한 줄에 내 시선이 멈추었다. 비교적 담담하게 써내려간 글이었지만, 그 시간이 얼마나 힘들었을지 잘 알기에 나는 핸드폰으로 전화를 걸어 약속을 잡았다.
"안녕하세요, 제이쓴입니다!"

그는 서른두 살, 금융회사의 내부감사팀에 재직 중이라며 자신을 소개했다.
"원래 이 집은 딱 2년만 살 줄 알았어요. 바로 신혼집으로 들어갈 줄만 알았죠."

결혼을 전제로 만났다가 다름을 인정하고 결국 헤어졌다고 한다.

"여자친구와 헤어진 건 어쩔 수 없는 일이라고 생각해요. 그래도 남들은 잘만 결혼하는데, 왜 나한테 이런 일이 생긴 거지 하는 생각은 쉽게 지울 수 없더라고요."
문득문득 옛 연인이 생각나는 건 우리 누나나 의뢰인뿐 아니라 이별을 경험한 사람이라면 누구든지 마찬가지일 것이다. 결혼이야기를 하는 의뢰인은 간혹 입을 다물고 감정을 정리하는 듯한 모습을 보였다.

"막상 헤어지고 나니 제 생활이 너무 초라해지는 걸 느꼈어요."
주말에는 항상 만나서 데이트도 하고 가끔씩 놀러 다녔는데, 더 이상 그 무엇도 하고 싶지 않았다고 한다. 이별하고 나서 꽤 오랫동안 의뢰인은 회사와 집만을 오가며 생기 없는 삶을 살았다.

"그 친구가 제 인생에 들어왔을 때는 이제 내 인생에는 저 여자, 단 한 사람뿐이구나 생각했거든요. 헤어지고 나니 모든 것이 떠난 것 같았어요."
시간이 해결해주리라 믿었던 과거가 의뢰인에게는 혹독했던 것 같다.
사람들도 만나보고, 밤새 술을 먹기도 해봤고, 일에 미쳐보기도 했다고 고백했다.
잊으려고 노력해도 쉽사리 잊히지 않는 것이 너무 힘들었다.

"그렇게 얼마간의 시간이 지나 어느 순간 제 모습을 보니, 지금 뭐하고 있나 싶었어요."
원래 근육질에 체격도 다부졌다는 의뢰인은 몸이 망가질 대로 망가져 있었다. 그는 정리는커녕 청소조차 안 된 집을 보고 있자니 마음이 더 심란하다고 했다.
큰맘 먹고 다른 집으로 이사하려고 했지만, 끝을 모르고 오르는 전세금이 부담스러워 결국 재계약을 했다.
"사람한테 가장 중요한 건 집이라는 공간이라고 생각했어요. 그래서 저는 차 먼저 사지 않고 전세금을 마련했거든요."

긴 대화 끝에 의뢰인이 단호하게 말했다.
"지금 집에 여자친구의 흔적이 좀 남아 있어요. 그 기억을 정리하고 새로운 출발을 했으면 합니다."

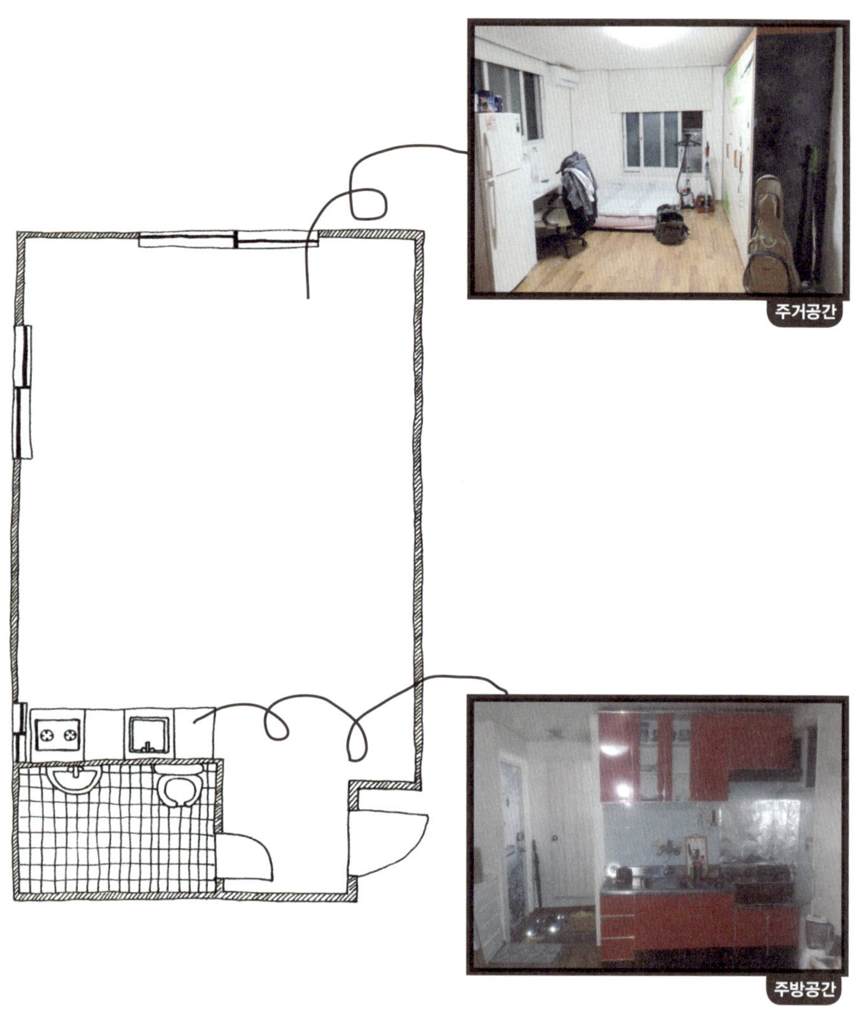

평면도　|　8평/1룸　|　BEFORE

여덟 평의 통원룸. 아침에는 눈이 부실 정도로 채광이 좋다. 하지만 만들어진 지 오래되다 보니 여기저기 보수가 필요한 곳도 보인다. 침대며 장롱, 책상 그리고 냉장고까지 필요한 생활용품이 다 갖춰져 있는데, 답답하면서도 동시에 심심한 느낌이 드는 이유는 뭘까? 가구 선택과 배치가 공간과 어울리지 않기 때문이다.

남자가 머무는 방치고 굉장히 깨끗하다. 청소는 자주 하는 편이라고 한다. 깔끔하고, 모나지 않은 의뢰인의 성격이 자취방이라는 공간에 여실히 드러난다. 그만큼 상처 받은 과거에서도 쉽게 벗어나지는 못할 듯하다. 이번 작업은 변화의 강도를 넓힐 생각이다.

여덟 평은 참 애매한 넓이다. 가구를 들여놓고 꾸미기에는 넉넉하지도 않고, 그렇다고 안 들여놓자니 휑해 보인다. 어떻게 꾸밀지의 기준은 전적으로 의뢰인의 성향과 라이프스타일. 보통 주거공간의 천장 높이는 바닥에서부터 2.3m밖에 되지 않는다. 그런데 여덟 자의 장롱(여닫이식 장롱 두 세트)이 벽면 한쪽을 차지하고 있어 공간이 더욱 좁아 보인다. 원룸, 특히 의뢰인과 비슷한 환경에서 살고 있는 사람들은 장롱을 구입할 때 최대한 높지 않은 것을 선택하는 것이 좋다. 그래야 시각적으로 답답한 느낌을 덜 받기 때문이다.

의뢰인이 쓰던 장롱 안을 보니 옷가지들은 장롱 하나로도 충분히 해결될 것 같다.

속옷이나 양말은 새로 구입할 서랍형 침대에 수납하기로 했다. 키가 크고 넓은 면적을 차지하는 기존 장롱은 과감하게 정리하기로 했다. 장롱 맞은편에 떡하니 자리 잡은 침대는 자취방에 어울리지 않게 퀸 사이즈. 장롱과 더불어 효율적인 공간 활용을 침대가 방해하고 있다. 침대 또한 싱글 사이즈로 바꾸기로 했다. 의뢰인은 그동안 많은 시간을 여자친구와 집 밖에서 보냈다고 한다. 이제 집에서 보낼 시간이 많아져서 TV라도 들여놓을까 하지만, 놓을 자리가 마땅치 않아 차일피일 미루고 있다. 장롱을 들어내면 TV를 놓을 공간은 충분히 확보할 수 있을 것 같다.

여느 자취방에 비해 최상의 채광을 확보한 공간. 게다가 의뢰인은 취미가 청소라고 할 만큼 깔끔한 성격. 바닥에 화이트데코타일을 깔 수 있는 최적의 조건을 모두 다 갖췄다. 화이트는 여덟 평 공간을 그 이상의 면적처럼 보여줄 수 있는 마법의 색상이다. 채광을 받으면 공간이 더욱 환해질 것이다. 흰색인 만큼 바닥 청소에 신경을 써야 하는데, 의뢰인의 성격에도 딱 들어맞는다. 벽면 역시 화이트 톤으로 페인팅하기로 결정했다. 확실히 채광이 좋아서 바닥재며 벽의 색을 선택하는 데 커다란 제약이 없다. 그런데도 하얀색을 메인 컬러로 선택한 것은 의뢰인의 심리를 고려했기 때문이다. 아무래도 과거에서 벗어나 새로운 시작을 꿈꾸는 의뢰인에게 파격적인 컬러를 권유하기보다 가구에 변화를 주되, 컬러는 치유를 의미하는 화이트가 적격으로 생각됐다. 대신 조명은 전구색(노란색)으로 선택해서 획일적인 화이트 톤을 맞추기보다 전구 불빛의 느낌을 살려 아늑한 느낌을 살릴 생각이다.

레드 컬러로 나름 포인트를 준 것 같은 싱크대와 주방. 색깔도 촌스러운 느낌을 줄 뿐 아니라 상부장도 많이 휘었다. 이 주방 또한 화이트 톤으로 아늑한 자취방에 녹아들 수 있는 공간으로 만들어볼 생각이다. 전체적으로 화이트를 메인 컬러로 잡되 인테리어의 소품과 가구에 포인트 컬러를 넣어 단정하면서도 세련미 넘치는 자취방으로 셀프 인테리어의 방향을 잡는다.

BucketList
THE WAY
NEW YORK
LON

1. 채광의 정도를 확인하고 메인 컬러를 정하라!

채광이 좋은 조건을 살려 더욱더 환하고 밝은 화이트를 메인 컬러로 결정. 하지만 이 경우 전구마저 주광색(온백색)으로 선택하면 획일적인 느낌이 들 수 있다. 전구색으로 골라 아늑한 분위기를 연출하는 것이 좋다.

2. 공간을 사용할 사람과 메인 컬러의 궁합을 고려하자.

채광이 좋으면 컬러 선택이 자유롭다. 그럼에도 화이트를 선택한 것은 단정하고 반듯한 성품의 의뢰인에게 파격적인 원색의 컬러는 부담과 불편을 줄 수 있기 때문.

3. '인테리어의 시작'이라 쓰고 '공간 정리'라 읽는다!

열 평 안 되는 원룸은 모든 욕구를 담아낼 수 있을 만큼 완벽한 공간이 아니다. 우선 장롱을 들여야 하는지, 수납공간이 얼마나 필요한지를 파악해야 한다. 옷이 많지 않고, 짐도 많지 않은 의뢰인의 라이프스타일에 맞춰 장롱을 최소한으로 줄여 여유 있는 공간에 소파와 TV를 들일 수 있었다.

주거공간

준비물	비용	판매처 or 상품명
화이트 데코타일 7박스	168,000원(박스당 24,000원)	녹수데코타일 PM505번
친환경 온돌전용 데코타일 본드 10Kg	20,000원	철물점·지물포
걸레받이 10개	40,000원(2.4m당 4,000원)	대영우드(방산시장 내)
각도톱 + 각도톱대	9,000원부터	오픈마켓
바이빔 5등 윈디 화이트	100,000원	바이빔
주광색 LED 볼전구(사은품)		조명가게·오픈마켓
화이트 알루미늄 블라인드 (맞춤형) 기본 70x90cm	6,200원부터	코디하임(롯데아이몰)
2인용 그레이 자작나무 소파	110,000원	블루밍홈
사이드테이블	14,000원	소프시스
옷장	70,000원대	상일리베
서랍형 슈퍼싱글 침대 + 매트릭스	170,000원대	베드넷퍼니쳐(쿠팡)
액자 및 식기건조대 포함 기타 소품		이케아

작은방(침대방)

준비물	비용	판매처 or 상품명
싱크대 상판 집성목 18T(2300x1800mm)	55,000원	강남목공소(방산시장 내)
우레탄 바니쉬(250ml)	10,000원	듀파
싱크대 타일: 쉐이브 타일(200×100mm) 100장	58,000원(50장당 29,000원)	타일몰
화이트 레일 1m	5,000원	베스트조명(11번가)
레일마감잭	1,500원	베스트조명(11번가)
레일등기구 2개	10,400원(개당 5,200원)	베스트조명(11번가)
아일랜드 조명	35,000원	라이팅 샵(방산시장 내)
내부수성용 화이트 페인트 4L	14,000원	삼화페인트
록타이트401(접착제)	2,000원대	철물점·문구점
타일커팅기	5,000원대	DIY 도구 사이트·오픈마켓
백시멘트(타일줄눈) 1Kg	2,000원	철물점
마디카 나무몰딩 6개	24,000원(2.4m당 4,000원)	미성몰딩(방산시장 내)

공통

준비물	비용	판매처 or 상품명
삼화페인트 내부수성용4L(3통)	36,000원(1통당 12,000원)	삼화페인트
페인트 트레이, 페인트롤러, 붓, 커버링테이프	각 1,000~2,000원	철물점·페인트가게
부분 도배용 합지 1롤	5,500원	철물점·지물포
도배풀, 도배붓, 뿔헤라	각 1,500~2,000원	철물점·지물포
커터칼, 신문지, 면장갑, 드라이버		

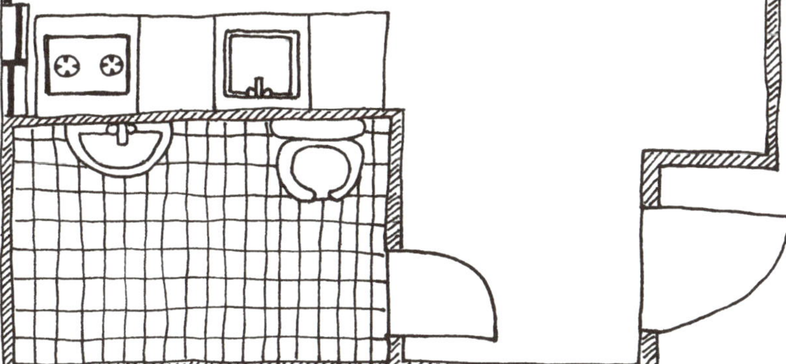

Self
Interior
Start!

▶▶▶ 벽

"제이쓴, 우리 집 벽에는 페인트를 칠하는 게 좋을까요, 도배를 하는 편이 나을까요?" 오지랖프로젝트를 진행하면서 가장 많이 듣는 질문이다. 사실 정답은 없다. 자신의 취향에 맞춰 인테리어를 계획하고 작업하면 된다.

하지만 꼭 체크해야 할 사항이 있다. 현재 자신이 거주하는 공간의 계약 형태를 염두에 두어야 한다. 자신이 소유하고 있는 집이라면 인테리어를 어떻게 하든 상관없다. 하지만 세입자는 계약서상 원상복구의 의무가 있기 때문에 인테리어를 계획하기 전에 미리 집주인의 동의를 받아야 한다. 무수히 많은 오지랖프로젝트를 진행해본 바로는 집주인은 대체적으로 도배에는 관대하지만, 페인트칠을 꺼려한다. 때문에 페인팅을 계획하고 있다면 반드시 집주인에게 확인을 받아야 한다. 다행스럽게도 의뢰인의 집주인은 페인팅을 허락해주었다. 페인트는 조색이 가능하기 때문에 원하는 색을 만들 수 있다.**A** 페인팅 작업 전에 의뢰인과 합의한 대로 우선 큰 공간을 차지하는 옷장을 정리하기로 했다.**B** 의뢰인의 옷이 많지 않아서 가능했다.

내부 수성용 페인트에 물(페인트 양의 총 5% 이내)을 섞어 페인트를 2회에 걸쳐 칠해준다. 페인트 바르는 작업을 좀 더 원활하게 하기 위해 물을 섞어주는데, 페인트 원액을 바르는 데 별 어려움이 느껴지지 않는다면 굳이 물을 섞지 않아도 된다.**C** 페인팅을 하다 보니 눈에 띄게 벽지의 색이 달라지는 부분이 보인다. 자세히 살펴보니 기존 옷장에 가려져 있던 곳인데, 눈에 보이지 않는 이곳부터는 도배를 하지 않았던 것이다.**D** 이와는 다르게 오래된 벽지와 그보다 더 오래된 벽지의 색 차이가 심하지 않으면 바로 페인팅을 해줘도 된다. 하지만 의뢰인의 자취방은 도배 상태가 좋지 않았다.E 훼손된 벽지 위에 페인팅을 하면 깔끔하게 칠해지지 않는다. 때문에 이번 작업에서는 페인팅을 멈췄다가 부분적으로 도배를 해줘야 했다.

이미 페인트를 칠한 벽 위에 도배를 해야 하기 때문에 일반적인 도배풀보다 조금 더 되게(죽 정도의 점성) 풀을 만들고 벽지에 발라준다.(참고 26~28쪽)**F** 막상 도배를 하고 나면 벽이 운 것처럼 보이지만**G**, 하루 동안 시간을 두고 말리면 완벽하게 펴진다. 도배지가 완전하게 건조된 것을 확인하고 같은 페인트로 칠해주면 된다.**H**

▶▶▶ **바닥**

바닥 또한 벽과 똑같은 문제를 안고 있었다. 기존 옷장이 놓여 있던 자리에 바닥 재가 깔려 있지 않았다.**A** 색상이 같은 바닥재를 깔아주면 되지만, 오래전에 깔았 던 제품을 다시 찾기가 힘들다. 의뢰인은 바닥재의 문제를 집주인에게 알렸고, 운 좋게도 지원을 받을 수 있었다.

바닥재를 제거하고 보니 그 밑에 또 다른 바닥재가 깔려 있는 것이 보였다. 오래전 에 기존 바닥재 위에 새로운 바닥재를 깔았던 것이다.**B** 이렇다 보니 보일러를 가동 해도 바닥이 따뜻하지 않다. 바닥재가 겹침으로 시공되어 있으면 열전도율은 그만 큼 떨어질 수밖에 없기 때문이다.(이사하는 것이 아니라 살고 있는 상태에서 도배·바닥재 교체 작업을 전문업체에 맡기려면 작업 시작 전에 큰 짐은 미리 빼두는 것이 좋다. 전문업체라 고 해도 의뢰인의 집에서 보이는 것과 마찬가지로 눈에 보이는 곳만 작업해주는 경우가 대부분 이다.)

바닥재는 모두 제거해준다.**C** 다음 작업에 들어가기 전에 보일러를 틀어주는 것이 좋다. 물기가 차 있지 않더라도 눈에 보이지 않는 어딘가에 혹시 습기가 들어차 있을 수 있기 때문이다.

데코타일을 깔기 전에는 꼭 말끔하게 청소를 해준다. 청소 또한 인테리어의 중요 한 과정 중 하나이다. 청소가 끝났으면 데코타일 친환경 본드를 얇게 펴 고무헤라

(혹은 뿔헤라)로 발라준다. 처음 바를 때는 본드가 반투명하지만**D** 15분 정도 지나면 투명하게 변한다.**E** 데코타일은 이때 붙여준다.

붙이는 작업은 어렵지 않다.**F** 자투리 부분은 칼로 재단해서 넣어 붙인다.**G** 단 바닥재를 선택하기 전에 반드시 바닥의 경사를 확인해야 한다. 바닥이 평평하지 않으면 절대 데코타일로 작업하면 안 된다. 바닥재가 쉽게 뜨기 때문이다. 다행스럽게도 의뢰인의 자취방 바닥은 평평해서 데코타일로 작업할 수 있었다. 데코타일은 상업적인 공간에서 많이 쓰이는데, 요즘은 가정집에서도 많이 활용되고 있다. 상업적인 공간과 달리 가정집에는 반드시 걸레받이를 해줘야 한다. 2.4m 길이의 걸레받이는 통일감을 주기 위해 벽 페인트 컬러와 마찬가지로 두 번에 걸쳐 페인팅을 한 다음 글루건과 실리콘을 사용하여 붙여준다.**H**(실리콘은 굳는 데 반나절 이상이 걸리지만 글루건은 빨리 굳는다.)

▶▶▶ 조명

어떤 조명을 쓰느냐에 따라 인테리어의 분위기가 좌우된다. 특히 의뢰인의 자취방과 같은 화이트 모던 인테리어는 조명의 영향력이 절대적이다. 이 자취방은 채광이 눈부실 정도로 좋아 낮에는 전등을 켤 필요가 없다. 하지만 밤에 전등을 켰을 때 불빛까지 화이트 톤을 유지하면 흰색 컬러의 공간에 흰색 빛은 되레 밀폐된 느낌을 줄 수도 있다. 때문에 조명은 아늑한 느낌을 줄 수 있는 전구색을 선택했다.

누전차단기(일명 '두꺼비집')를 내린 다음 기존 조명등 지지대를 제거한다. 조명등이 달려 있는 천장 역시 보이지 않는 곳은 전문업체가 도배를 하지 않았다.**A** 부분 도배를 해주고, 두 가닥 선을 기존 조명과 연결 후 조명기구를 천장에 고정시킨다.

전구는 LED 8W 전구색을 사용하여 낮과 다른 아늑한 분위기를 연출했다.**B**

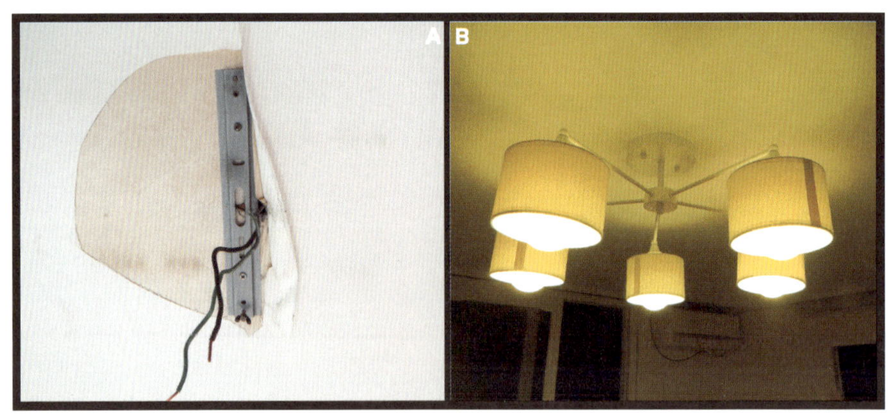

AFTER

▶▶▶ **싱크대 상판**

의뢰인의 자취방을 인테리어 작업하면서 수십 번 고민에 고민을 거듭하게 한 공간이 바로 주방이었다. 얼마나 오래된 것인지 아니면 이곳에 거주하던 사람들이 거칠게 사용한 탓인지 싱크대 상부장이 휘어 있다. 뿐만 아니라 싱크대의 얼굴이라 할 수 있는 상판은 스테인리스이긴 하지만 너무 낡아서 싱크대문을 리폼하더라도 드라마틱한 변신을 기대할 수 없을 것 같았다. 새로운 싱크대로 교체하자니 하부장만 30만 원 넘는 비용이 든다. 좀 더 저렴한 방법을 모색해서 나무상판만 교체하려고 보니 약 20만 원의 비용이 발생한다. 아무리 자신의 취향에 맞춘 인테리어를 꿈꾼다고 해도 자기 소유의 집도 아닌데 너무 많은 추가 비용을 지불할 수는 없는 노릇이다. 이 자취방에서 의뢰인이 얼마나 살지 모르는데, 굳이 싱크대를 바꾸고 상판을 원목으로 교체할 필요는 없다고 생각했다.

나는 궁리 끝에 18T(두께 1.8cm) 집성목으로 상판을 씌우기로 결정했다.**A** 무엇보다 저렴한 가격(55,000원)으로도 상판을 씌울 수 있기 때문에 선택했다. 단 꼭 알아야 할 것이 있다. 이러한 선택은 의뢰인이 싱크대를 사용하는 횟수가 여느 자취생보다 현저하게 적었기 때문에 가능하다.

싱크대 넓이보다 나무틀을 크게 만들어 양념통을 놓거나 컵을 올려놓을 수 있는 싱크대 선반을 만들었다.**B** 이 선반은 싱크대의 크기에 맞춰 만들고 나서 싱크대에 부착했다. 나무와 나무를 잇는 데 직결나사를 사용하고, 싱크대 상판과 나무가 이어지는 부분은 실리콘으로 틈새를 메워 물기가 침투하는 것을 방지했다. 상판을 스테인리스에서 집성목인 나무로 교체했기 때문에 물이 닿으면 썩는 등의

심각한 문제가 발생할 수 있어 수성 바니쉬보다 더욱더 강력한 우레탄 바니쉬**C**를
바르고 말리는 작업을 5회 실시했다. 그 덕에 물이 스며들지 않고 고이게 되었다.**D**

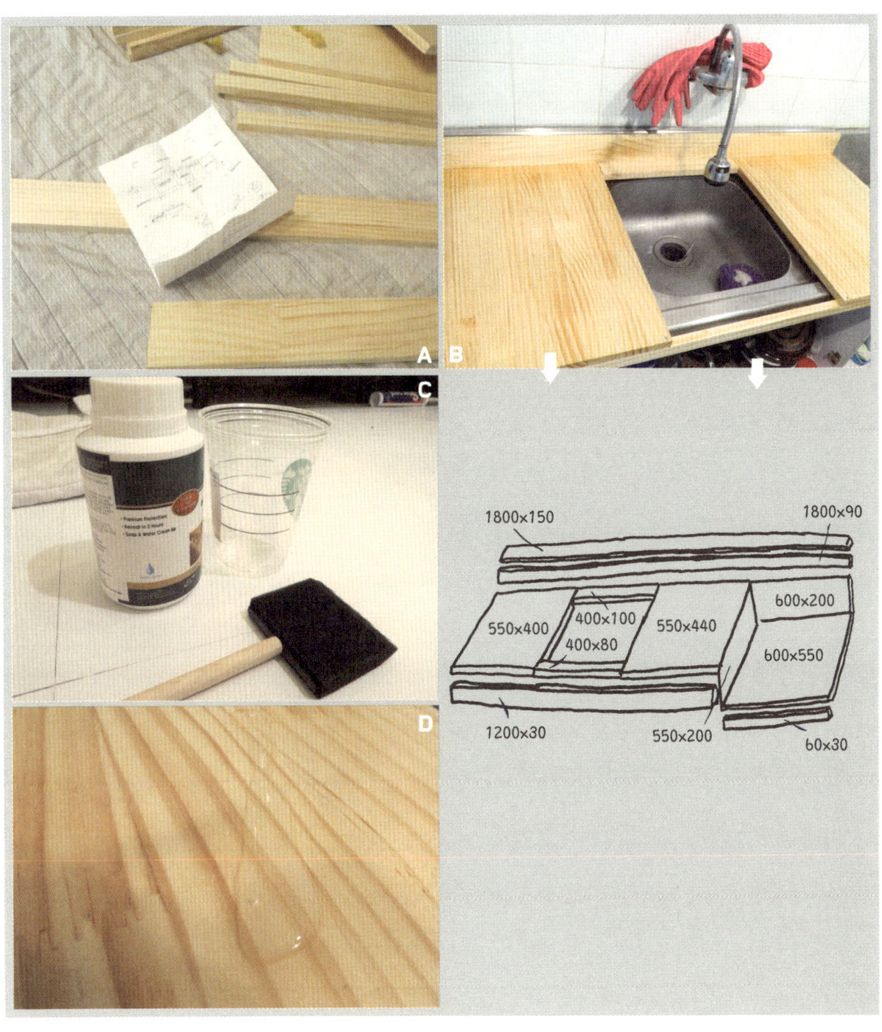

▶▶▶ 아일랜드 식탁과 싱크대 타일

투룸 혹은 분리형 원룸은 식탁을 놓을 만한 공간이 있지만, 의뢰인의 자취방은 말 그대로 원룸이기 때문에 식탁과 책상의 구분이 없다. 보통 원룸에 살고 있는 거주자들도 상황은 마찬가지일 것이다. 설령 식탁과 탁자를 따로 놓는다고 해도 공간이 너무 많이 줄어든다.

깔끔한 의뢰인은 책상에서 식사를 하는 건 꺼려진다고 했다. 혼자 살더라도 밥 먹는 공간이 따로 있고, 이곳을 찾는 사람들에게도 산뜻하게 보였으면 좋겠다고 했다. 인터넷으로 식사를 할 수 있는 테이블을 찾아보니 괜찮아 보이는 것들은 20만 원을 훌쩍 넘을 뿐더러 사이즈도 적당한 것이 없다.

나는 묘안을 짜냈다. 상부장을 떼어내 테이블을 대신하기로 했다. 사실 테이블 대용을 떠올리기 전에 상부장은 어쨌든 제거할 생각이었다. 원룸이나 투룸은 공간이 넓지 않기 때문에 싱크대의 상부장을 제거하는 것만으로도 주방공간이 넓어 보이는 효과를 볼 수 있다. 마침 의뢰인의 자취방은 상부장이 오래되고 휘어지기도 해서 위태로워 보였다. 집주인도 흔쾌히 허락을 해주어 상부장은 제거하기로 했다.

상부장을 제거하고 나니 시멘트벽이 그대로 노출됐다.**D** 벽지 페인팅 작업과 마찬가지로 부분 도배를 한 다음**E** 페인트를 칠한다. 참고로 페인팅은 시멘트 위에 페인트를 바르는 것이 아니라 벽지 위에 페인트칠을 하는 것이다. 도배지가 완전히 마른 것을 확인한 다음 거주공간의 벽에 칠했던 페인트로 2회 페인팅을 한다.**F**

인테리어는 성형수술과 같다는 말이 있다. 작업 도중 전혀 생각도 안 했던 곳이 눈에 보이는 것을 빗대어 표현한 것인데, 의뢰인의 자취방이 그러했다. 상부장을 떼어내고 보니 싱크대의 상부장과 하부장 사이의 타일이 자꾸만 눈에 밟힌다. 아무리 싱크대를 바꾸고 변신을 한다 하더라도 낡고 먼지 묻은 타일이 있는 한 완벽한 변신은 꿈꿀 수가 없다.**G** 이 공간에는 벽돌문양의 유광 타일(10×20cm)**H**로 세련미를 넣어주기로 했다.

세라픽스라는 타일 접착제 그리고 뿔헤라를 이용해서 타일 붙일 곳에 고르게 본드를 바른 다음**I** 붙여주면 된다.**J** 벽돌문양의 타일로 작업하게 되면 타일을 절단해야 하는 일이 생긴다. 이럴 때 '타일커팅기'를 사용하는데, 이 제품은 오픈마켓이나 DIY 전문 사이트에서 5천 원대에 구입할 수 있다.**K** 절단하고 싶은 타일의 기준선을 타일커팅기의 동그란 부분에 맞추고, 타일커팅기(Y자 부분)에 힘을 가하면 절단할 수 있다.**L**(상대적으로 저렴한 중국산 타일은 잘 깨지는 반면, 국산이나 다른 수입 타일은 잘 깨지지 않는다.)

이제 타일의 줄눈에 페인트를 칠해줄 차례. 백시멘트와 물**M**을 치약 정도의 점성이 생길 때까지 섞어주다가**N** 타일 사이에 백시멘트를 꼼꼼히 넣고 고무헤라로 쓸면서 정리해준다.**O**

아일랜드식탁은 상부장을 그대로 활용해서 간단하게 만들 수 있었다. 떼어낸 상부장의 표면을 사포로 정리한 다음 흰색 페인트로 두 차례 칠 작업을 한다.**P** 싱크대 상판을 리폼할 때 사용하고 남은 목재를 상부장 길이에 맞춰 두 개를 만들고, 록타이트401(접착제)을 발라**Q** 아래쪽에 붙여준다.**R** ㄱ자 꺾쇠를 이용하여 상부장 내부와 다리를 고정시킨다.**S**

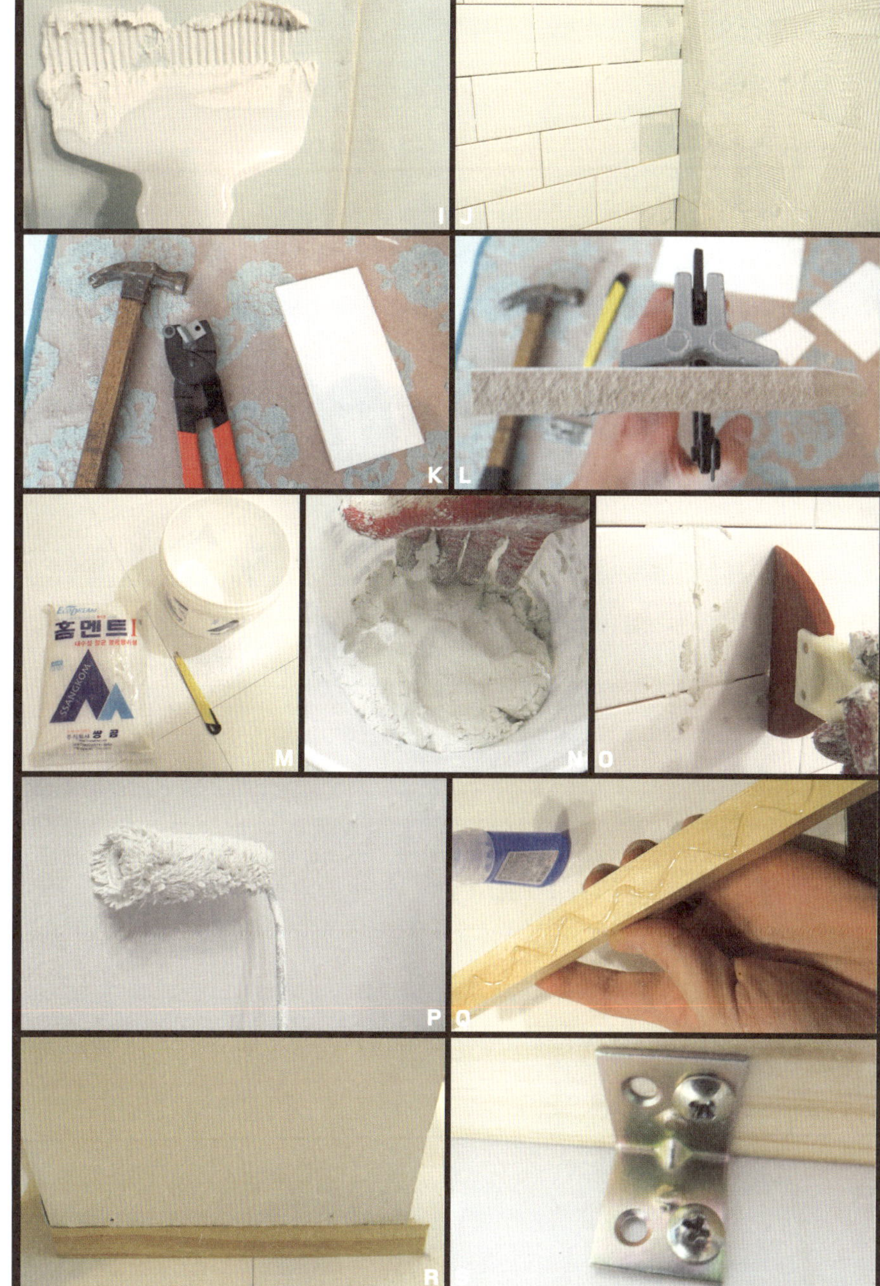
I
J
K
L
M
N
O
P
Q
R
홈멘트 I
SSANGROMA

▶▶▶ 싱크대 문

싱크대를 리폼하는 작업은 주로 시트지나 페인트를 활용한다. 싱크대 상태가 좋고 휘어진 곳이 없으면 시트지를 사용한다. 시트지를 매끄럽게 잘 부착할 수 있기 때문이다. 시트지는 시공방법이 간단하면서도 나중에 제거할 수도 있기 때문에 많이 이용된다. 의뢰인의 자취방과 같이 싱크대가 오래되고 휘었다면 페인팅을 하는 것이 좋다. 단 페인팅은 반드시 집주인의 동의를 받아야 한다.

싱크대 문에 페인트만 칠하면 자칫 단조로운 느낌을 줄 수도 있어 나무몰딩으로 '웨인스코팅(평면에 나무몰딩을 주어 장식을 하는 방법)'을 한 다음, 손잡이를 검은색으로 바꿔준다. 이렇게 하면 '블랙&화이트'의 조화를 깨지 않으면서도 심심하지 않은 싱크대가 될 것이다.

나무몰딩은 길이 2.4m당 4천 원 하는 마디카 수종.**A** 싱크대문 사이즈에 맞게 나무몰딩을 자르려면 톱이 필요하다. 나무몰딩 끝이 45도 절단이 되어야 더욱 자연스럽고 예쁜 모양이 나온다. 각도톱과 각도톱대는 따로 구매할 수 있다. 이 톱과 톱대가 있으면 걸레받이용 나무도 자를 수 있다.**B**

보통 문의 크기를 기준으로 10cm 정도 여유를 두고 나무몰딩을 자른 다음, 록타이트401(접착제)을 사용하여 싱크대 문에 붙여주고**C** 흰색 페인트로 2회 칠해준 다음 완전하게 말려주면 된다.**D** 기존 싱크대 문이 페인트가 잘 안 발리는 하이그로시나 시트지로 코팅이 되어 있다면 젯소를 1~2회 정도 칠해준 다음 건조하고 나서 페인팅을 한다.

싱크대 상판에는 물이 스며드는 것을 방지하기 위해 우레탄 바니쉬를 5회 바르고
말리는 작업을 했는데, 싱크대문에도 물이 묻기 쉽기 때문에 똑같은 작업을 해줘
야 한다.**E** 싱크대 손잡이 역시 검정색 철제로 바꿔 달아준다.**F**

▶▶▶ 조명

주방 조명은 레일등을 선택했다. 레일등을 설치하면 조명등을 추가로 설치할 수 있다. 사실 주방은 조명등 하나로 조명을 커버하기에 부족한 공간이다. 설거지와 식재료를 다듬는 싱크대, 조리를 하는 가스레인지, 식사를 하는 아일랜드식탁 등 어느 곳 하나 조명에 소홀할 수 없다. 그 때문에 레일등을 떠올렸다. 주방에서 가장 많이 머물 아일랜드식탁에는 조금 더 신경을 써서 방산시장에서 포인트 등을 구입했다.**G** 어떤 조명기구든지 레일에 달 수 있는 레일플러그작업을 거치면 레일에 연결이 가능하다.(온·오프라인에서 구입할 때 레일에 연결해서 쓸 것이라고 미리 말하면 판매처에서 용도에 맞는 것으로 보내준다.)

어느 조명등이든 피복을 벗겨보면 두 가닥의 전선이 나온다.**H** 레일플러그의 나사를 풀면 전선을 연결할 수 있는 나사 두 개가 보이는데, 각각 방향에 상관없이 미리 벗겨둔 전선과 레일플러그 부속품에 나사를 조여서 단단히 고정시킨다.**I** 다시 레일플러그 케이스를 조립한 다음 주방 레일등에 연결해주면 된다.**J** 나사와 하얀 색클립(클램프)을 이용하여**K** 원하는 곳에 전선을 고정시킨다.**L**

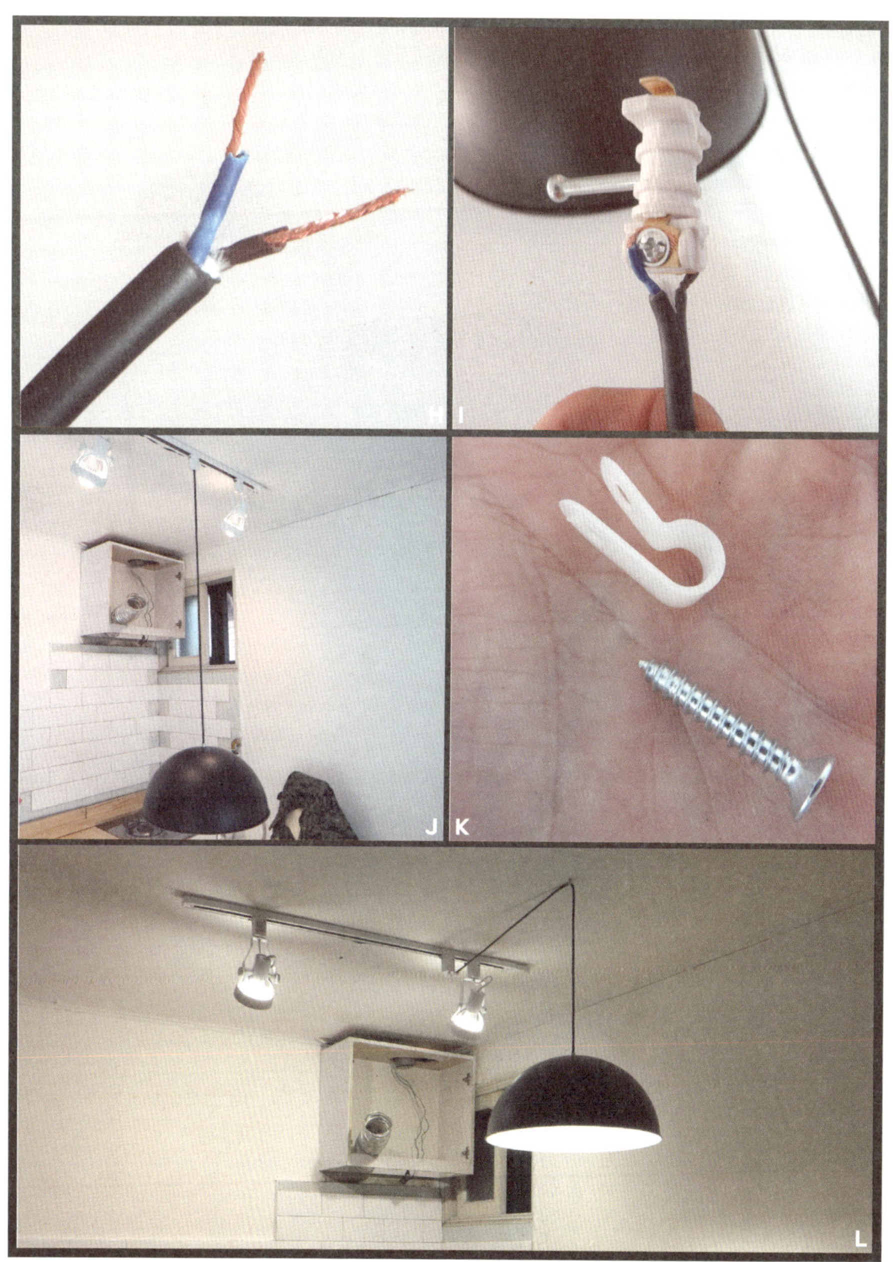
H I
J K
L

NEW YORK
BROADWAY
CHELSEA
Manhattan
SUBWAY Arts
5TH AVENUE
LONDON
TUBE
COVENT GARDEN
SOHO
MUSIC
PARIS
METRO
café
MUSÉE D'ART

AFTER

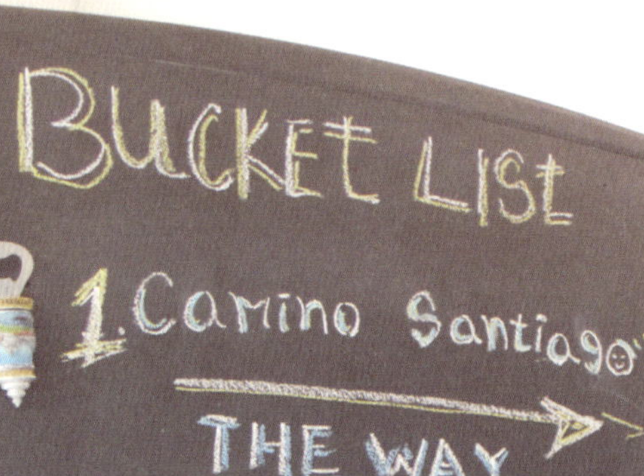

BUCKET LIST
1. Camino Santiago
THE WAY

1. Lean liberty is
better than fat
Slavery

When griping grief
the heart doth
wound, and doleful
dumps the mind
opresses, then music,
with her siver sound,
with speedy help doth lend
redress.

버킷리스트를 담은 냉장고

결혼을 생각해보지 않은 나 같은 사람이 헤아려 봐도 결혼을 약속하고 준비하던 연인과의 이별은 여느 연애와 달리 후유증이 클 것 같다. 이별의 잔상 또한 오래 남을 터. 감정을 추스르고 일상에 복귀하는 데 더 도움을 줄 순 없을까? 아프고, 고통스러운 기억은 애써 없애려고 해서 없어지는 것이 아니다. 자기도 모르게 자꾸만 떠올리는 과거를 대신할 수 있는 게 뭘까? 아직 가늠할 수 없는 미래가 아닐까? 새로운 계획을 세우고 희망을 꿈꾸면 과거는 자연스럽게 멀어질 수 있을 것 같다.

인테리어 작업을 함께하면서 나는 의뢰인과 많은 대화를 하게 되었다. 의뢰인은 오지랖프로젝트도 하면서 소방서의용대, 야학교사도 하는 내가 활기차 보여 부럽다고 했다. 희망하는 대로 살아가는 모습이 보기 좋다며, 자신이 해보고 싶은 게 무엇이 있었는지 그 꿈들을 하나씩 생각해보기 시작했다고 했다.

의뢰인은 스페인 산티아고에 있는 순례자의 길을 언젠가 꼭 걷고 싶다고 했다. 그 길을 걸으며 그가 더 많이 꿈을 꾸고, 설레고, 희망을 품을 수 있기를 나는 응원한다.

누군가가 그랬다. 목표를 잘 보이는 곳에 써두면 그 목표는 이루어지게 되어 있다고. 나는 의뢰인의 꿈이 이루어지길 바라는 마음으로 눈에 잘 띄면서도 목표를 적어둘 만한 곳이 있는지 살펴보았다. 냉장고가 내 시선을 잡았다.

냉장고에 젯소를 얇게 1회 바르고 완전하게 말린 다음, 칠판페인트(절대로 물을 첨가하면 안 됨)를 페인팅 하고 말리는 작업을 2회 한다.

'Camino de santiago'

'버킷리스트 on 냉장고'. 언젠가 저 초록색 현관문을 열고 산티아고 순례자의 길을 떠나길 바라며.

준비물: 칠판페인트(던에드워드 칠판페인트 0.5L/15,000원), 젯소, 페인트트레이, 롤러, 붓

#3

가장 실용적인 투룸 인테리어
홀로서기 열아홉 청춘의 자취방

대한민국 청춘의 독립 만세!

▶▶▶ **독립해야 하는 열아홉 성인의 첫 번째 자취방**

내가 전역하던 해였나? 무슨 이유였는지 집 안에 큰 소리가 잦았다.

우리 어머니는 전라북도 김제에서 자랐고, 아버지는 충청북도 오창이라는 곳에서 태어나 자라셨다. 중매로 만나 아홉 살의 나이차를 극복하고 결국 결혼하셨다. 당시 우리 어머니는 열아홉 살, 아버지는 스물여덟 살이었다.

우리 어머니는 늘 말씀하신다.

"내가 발등을 찍더라도 100번은 더 찍었어. 내가 미쳤지……. 젊고 파릇파릇한 나이에 너희 아빠 만나서, 어휴!"

나는 그 말을 들을 때마다 그저 우스갯소리인 듯 흘려버리곤 했다. 하지만 그때는 달랐다. 큰소리가 잦아지고 각방을 쓰시는 모습을 보여주셨으니. 며칠 뒤에 어머니께서 나와 누나를 불러놓고 무슨 말을 꺼내시려는 듯했다. 어머니의 얼굴이 상기되어 있었다. 무거운 정적만이 우리를 감쌌다.

"엄마, 이혼할 거야."

세상 어느 자식들이 부모님이 이혼한다는 소리를 듣고 태연하게 넘길 수 있을까? 그 말을 듣고 있던 누나와 나는 그 어떤 말도 할 수 없었다. 누나는 결국 울음을 터트리고 말았다.

나는 개인주의이자 행복주의자다.

내 행복을 그 누구에게 양보할 수 없는 것처럼 가장 가까운 우리 누나, 부모님의 행복은 존중받아 마땅하다. 나는 엄마의 행복을 빌어줘야 한다고 생각했다.

나는 심호흡을 크게 하고, 하고 싶은 말을 머릿속으로 정리했다.

"엄마……."

입이 차마 떨어지지 않았지만, 이 순간이 아니면 할 수 없을 것 같았다.

"엄마. 나 솔직히 얘기할게. 나는 내 행복을 위해서 살고 있고 앞으로도 그럴 거야. 동시에 내가 사랑하는 가족 모두 행복했음 좋겠어. 엄마가 아빠랑 이혼해서 행복해질 수 있다면 말리지 않을게. 이혼해. 나와 누나가 걸림돌이 될 순 없잖아? 엄마, 아빠 개개인의 행복을 위해서 말이야."

그러곤 말을 이어갔다.

"하지만 이거 하나만은 꼭 기억해줬으면 해. 나를 이제까지 신체 건강하고 정신적으로 맑게 키워줘서 정말 고마워. 엄마, 아빠가 이혼하더라도 절대 원망하지 않고 평생 고마워하면서 살게."

이혼? 결론부터 말하자면 두 분은 잘살고 계신다. 하지만 나는 그때 내뱉었던 말을 후회하거나 무르고 싶은 마음은 없다. 지금도 나는 여전히 개인주의자며 동시에 행복주의자니까. 어쩌면 그때부터 물질적으로 당장은 힘들더라도 부모님에게 정신적으로 '독립'을 하고 싶었나 보다. 잘 다니던 대학을 그만두고 좀 더 넓은 세상을 보기 위해 아르바이트를 해서 생애 첫 배낭여행을 다녀왔고, 군대에 다녀와서 바로 유학자금을 만들어 외국생활을 한 후 서울로 와서 다시 대학 입학을 스스로 해냈으니 말이다.

헌데 다시 생각해보면 부모님으로부터 물질적·정신적 독립을 꿈꾸고 실행한 것은 어쩔 수 없는 상황 때문에 한 것이 아니라 내가 선택해서 한 행동이었다. 내가 어떤 일을 하든지 언제나 같은 자리에서 끝까지 응원해주는 부모님과 누나는 나에게 든든한 버팀목과 같다. 나는 스스로가 독립했다고 하지만, 지금도 무의식적으로 가족들을 의지하고 있는지도 모른다.

그렇기 때문에 이번 의뢰인은 더욱 마음이 쓰였다.
이제 막 성인이 되어버린 열아홉 살의 어린 친구.

이 친구는 오지랖프로젝트가 아니면 못 만났을 것이다. 블로그 안부글에 새로운 글이 올라왔다. 법적으로 성인이 되어 구세군 후생원에서 더 이상 보호를 받지 못하는 친구가 독립을 해야 한다며 도움을 요청하는 글이었다. 나는 이 글을 확인하자마자 바로 연락을 했다. 블로그에 사연을 남기고 의뢰를 부탁한 분은 자신이 구세군 후생원에 정기적으로 도움을 주는 사람이라고 했다. 구세군 후생원이라는 곳은 후생원생들이 법적으로 성인이 될 때까지만 머무를 수 있고, 그 이후엔 정부에서 나오는 정착금으로 직접 집을 구하고 살아야 한다고 한다. 아무것도 모르고 사회에 첫 발을 디뎌야 하는 이 친구에게 근사한 공간을 만들어주고 싶다며 나를 찾아온 것이다.

나처럼 선택이 아닌 강제적으로 독립을 해야 하는 이 친구. 나는 앞뒤 가리지 않고 도와주고 싶었다. 그렇게 며칠 뒤 나와 의뢰해주신 분 그리고 주인공 순둥이(가명), 후생원 관계자분까지 한자리에 모이게 되었다.

"네가 그 친구구나! 만나서 반가워, 나는 제이쓴이야."
"안녕하……세요."

열아홉 살의 또래들보다 훨씬 더 앳돼 보이고, 수줍음이 많은 친구였다.

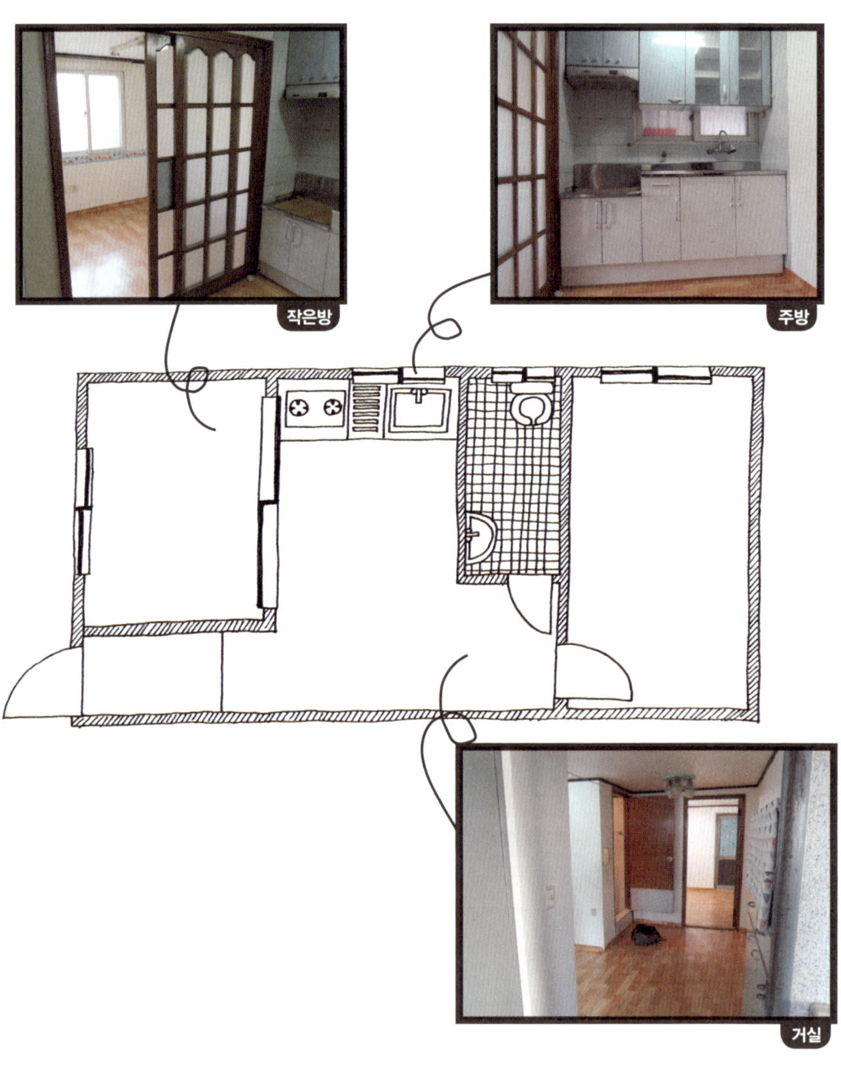

작은방
주방
거실

▶▶▶ 월세 자취방에서도 할 수 있는 가장 실용적인 인테리어

의뢰인 순둥이는 어렸을 때부터 구세군에서 자라왔기 때문에 내 것보다 '우리 것' 이 더 익숙했다. 그 때문일까, 그의 짐이 문제였다. 원래 오지랖프로젝트를 하게 되면 늘 겪는 것이 '짐 문제'다. 공간은 한정되어 있는데 짐이 넘쳐나는 경우가 부지기수여서, 인테리어 작업을 하려면 우선 짐부터 정리해야 했다.

그런데 순둥이가 갖고 있는 짐이라고는 개인 옷 한 상자가 전부이다. 짐이 없어서 문제인 적은 이번이 처음이다. 인테리어 작업도 신경 써야 하지만, 숟가락부터 일일이 장만해야 하는 상황이 걱정스러웠다. 자취를 해봤거나 하고 있는 사람들은 알 것이다. 처음 자취방을 구할 때 들어가는 비용이 생각보다 만만치 않다는 것을. 나는 고민했다. 자취방은 서울 무악재에 자리 잡은 열두 평 정도의 연립주택. 다행스럽게도 집주인은 시세보다 훨씬 저렴하게 세를 주었고, 순둥이는 정부에서 받는 보조금에 맞춰 이곳을 거처로 삼았다. 공간은 마련했는데, 살림살이가 문제다. 그렇다고 내가 물질적으로 도와줄 만큼 넉넉하지가 않다.

막막한 마음으로 내 자취방에 돌아와 방 안을 둘러보는데, 예전에 구입했다가 먼지만 쌓여가고 있는 의자가 한구석에 놓여 있는 것을 보았다. 순간 머릿속에 선뜻 불이 켜지는 듯했다. 분명 나처럼 버리기에는 아깝지만 현재 쓰지 않는 가구는 누구든 하나씩 갖고 있기 마련! 그 즉시 나는 블로그에 도움을 요청하는 글을 올렸다. 순둥이가 독립을 하게 된 사연과 함께 사용하지 않는 가구나 생활용품이 있으면 보내달라고 부탁했다.

뜻이 있는 곳에 길이 있다고, 인정이 있는 곳에 온정이 있는 듯했다. 전생에 무슨 공덕을 쌓았는지 블로거들의 열화와 같은 따스한 손길이 몰려들었다. 침대, 소파, 서랍장, 장롱, 탁자……. 컬러와 디자인이 제각각이었지만, 잘만 활용하면 근사한 집을 만들 수 있을 거라고 확신했다. 다만 여느 의뢰인과 달리 집을 꾸미는 데 예산은 40만 원으로 책정되어 있어서, 비용은 줄이면서 실용성에 주안점을 두어야 했다.

하지만 모두의 온정을 느낄 수 있었고, 순둥이에게 "세상에 너 혼자만 있다고 생각하지 마" 하는 말을 해줄 수 있어서 그 어떤 오지랖프로젝트보다 훈훈하고 진한 보람을 느낄 수 있었다.

열두 평 정도의 투룸 월세방. 남향이긴 하지만, 싱크대 옆의 작은방만 햇빛이 가득 들어오고, 거실 쪽 큰방은 채광이 거의 없다. 부엌과 작은방을 가로막는 미닫이문을 떼어내면 실내로 더 환한 빛을 받을 수 있다. 미닫이문을 떼어낸다고 불편을 느끼지는 않을 터. 나는 순둥이와 상의한 다음 미닫이문을 떼어내기로 했다. 두 방 중 채광이 좋은 작은방은 작업실과 응접실로 염두에 두었는데, 1년 후에 여동생이 이 집으로 들어와 살지도 모른다는 순둥이의 말을 듣고 침대방으로 쓰기로 했다.

침대방이지만, 순둥이에게는 자취방에서 주요 활동무대가 될 공간. 침대를 들여놓는다고 해도 활용할 수 있는 공간이 많은데, 한정된 예산이 아쉽기만 하다. 조명은 주방 공간에 이미 레일등을 선택한 만큼 이곳에는 좀 더 아늑한 느낌을 줄 수 있는 조명이 필요해 보인다. 메탈이나 유리로 된 재질보다 패브릭이나 페이퍼로 만든 조명갓을 활용할 생각이다. 바닥을 교체할 수 없지만, 걸레받이를 달아주면 침대방

을 좀 더 세련되고 차분하게 연출할 수 있을 것이다. 바닥이 나무 느낌이고 채광이 좋은 만큼 벽은 흰색 페인트로 칠해서 은은한 채광의 효과를 살릴 생각이다.

부엌 공간에 들어가 싱크대의 상부장과 하부장의 상태를 확인했다. 색상이 다르지만 튼튼해서 충분히 사용할 수 있다. 다만 화이트 시트지로 상부장과 하부장의 컬러를 맞춰주고, 싱크대 중간 공간에는 순둥이가 좋아하는 네이비 컬러의 타일로 시공할 생각이다. 생각 같아선 수정의 폭을 넓히고 싶지만, 예산이 한정되어 가장 기본적인 인테리어 요소에만 신경을 쓸 수밖에 없다. 레일등을 사용해서 조명으로 은은한 느낌을 심어줄 생각이다.

현관부터 주방 그리고 큰방까지 이어지는 거실 공간은 가구를 놓기에는 좁고, 그렇다고 놔두자니 텅 빈 느낌이다. 순둥이에게 따뜻한 온기를 불어넣어주고 싶은 욕심이 크기 때문일까? 무엇인가 채워주고, 꾸며주고 싶다. 이곳에는 가구 대신 책장 겸 장식장을 만들어 집 안에 포인트를 줄 작정이다.

거실 쪽 큰방은 순둥이의 동생이 곧 들어와 함께 살지도 모르겠다고 해서 작업을 하지 않기로 했다.(이번 인테리어 컨셉은 온전히 나만이 떠올린 것이 아니었다. 현직 VMD(Visual Merchandising) 분이 구상을 함께했다.)

1. 초긴축 예산의 인테리어는 계획이 절반이다!

예산이 한정되어 있기 때문에 바닥을 교체할 수는 없다. 다만 걸레받이라도 붙여 분위기를 바꾸고, 바닥 색에 맞춰 화이트 톤으로 페인팅을 해준다. 컬러와 포인트를 넣어줄 인테리어 요소만 잘 계획해도 예산의 한계는 뛰어넘을 수 있다.

2. 주방은 색상만 잘 선택해도 공간이 산다!

싱크대의 옥색 상부장과 흰색 하부장의 컬러를 화이트 톤으로 맞추고, 중간에 네이비 타일로 교체한다. 화이트 톤을 메인으로 삼되, 네이비로 포인트를 주는 셈. 메인 컬러와 포인트 컬러만 잘 선택해도 센스 있는 주방을 만들 수 있다.

3. 애매한 공간에도 컨셉은 필요하다!

현관에서 주방 그리고 큰방까지 이어지는 복도는 가구를 놓기도, 그렇다고 비워놓기도 아깝다. 이곳에는 책장과 장식장을 놓고 이웃 블로거들이 보내준 책으로 장식하여 순둥이에게 온정을 느끼면서도, 따뜻한 집다운 느낌을 살린다.

작은방

준비물	비용	판매처 or 상품명
조명등	20,000원대	이케아
블루체크 침대커버	49,000원	이케아
화이트 알루미늄 블라인드	10,000원대	오픈마켓(코디하임)
각도톱, 각도톱대	9,000원부터	오픈마켓
실리콘, 글루건	각 2,000원부터	철물점·오픈마켓

주방 겸 거실

준비물	비용	판매처 or 상품명
화이트 레일 1m	5,000원	베스트조명(11번가)
전원마감잭	1,500원	베스트조명(11번가)
화이트 아트콘 등기구 3개	15,600원	베스트조명(11번가)
화이트레일 1.5m	7,500원	베스트조명(11번가)
전원마감잭	1,500원	베스트조명(11번가)
화이트 아트콘 등기구 2개	10,400원	베스트조명(11번가)
T형 연결잭	2,000원	베스트조명(11번가)
타일접착제 4Kg	7,000원	철물점·오픈마켓(세라픽스)
타일(29.8×29.8cm) 20장	총 66,000원(장당 3,300원)	시트라인
화이트 시트지 1마	4,000원	시트나라(방산시장 내)
뿔헤라, 고무헤라, 물티슈 혹은 헝겊		철물점
사포(200방)	1,000원	철물점
네이비 유광페인트 1L	10,000원	삼화페인트
벽돌 9개	11,700원(개당 1,300원)	중형 철물점
18T 집성목(1800×2300mm)	55,000원	강남목공소(방산시장 내)

공통

준비물	비용	판매처 or 상품명
숲으로 내부수성용 SE 4L(3통)	23,700원(1통 7,900원)	KCC(온·오프라인)
걸레받이 2.4m(20장)	80,000원(2.4m당 4,000원)	디엉우드
마스킹테이프, 페인트롤러, 페인트트레이, 붓	각 1,500~2,000원	철물점
커터칼, 면장갑, 드라이버		

* 침대·침대서랍장·아일랜드식탁·1인용소파·서랍형소파 모두 기증받음.

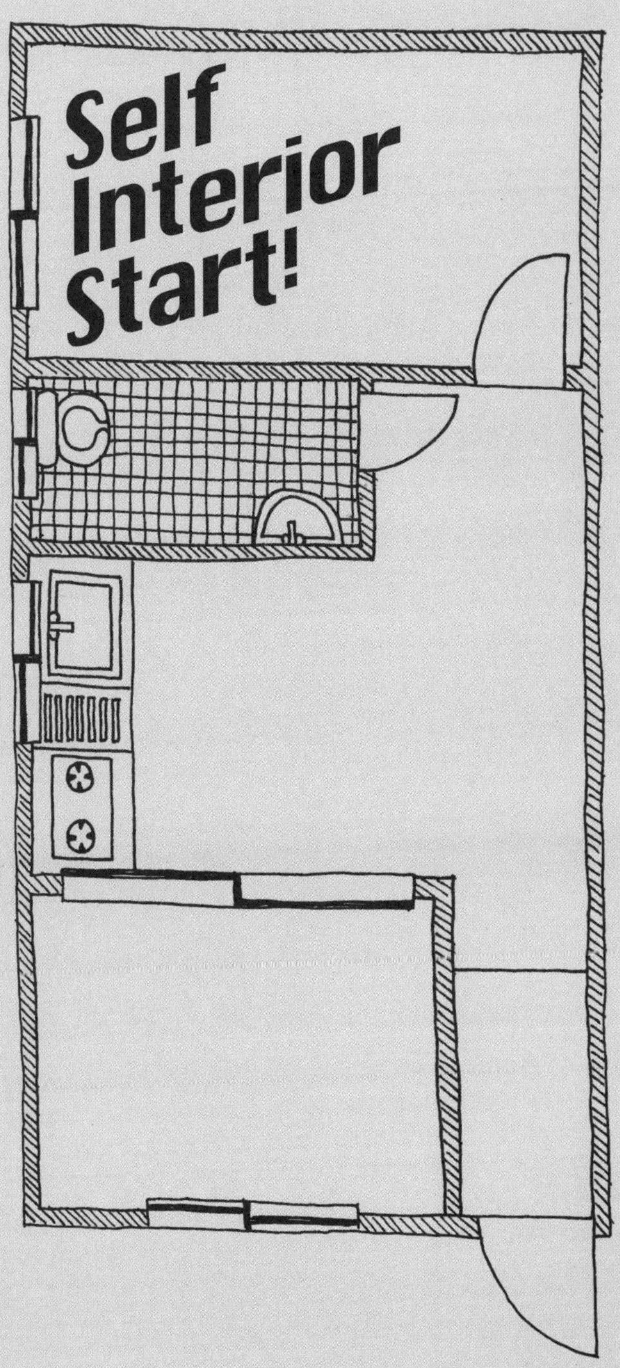

Self
Interior
Start!

▶▶▶ 벽

정남향인 이 방은 채광이 좋을 뿐 아니라 침대방으로 쓰기에 적당히 작은 공간이다. 보통 1.5룸 혹은 2룸의 작은방은 대체로 침대방으로 쓴다. 나는 침대방에는 옷 같은 패브릭 종류를 많이 넣지 않는 것을 권유하고 싶다. 옷에서 나는 먼지는 생각보다 많다. 또한 침대방은 환기를 자주 해줘야 하기 때문이다.

이번 작업은 예산에 맞춰야 해서 내부 수성용 페인트 중에서도 가장 저렴한 제품을 사용했다.**A** 이 페인트로 깔끔한 느낌을 연출할 수 있는데, 벽에 묻은 손때를 없애려면 구석구석 잘 발라줘야 한다.**B** 페인팅 하기 전에 커버링테이프를 바닥에 붙인다.**C** 이렇게 하면 페인트가 바닥에 떨어져도 묻지 않는다. 콘센트, 스위치 커버 역시 마스킹테이프로 페인트를 바를 부분과 그렇지 않은 부분으로 나눠준다.

자취방을 인테리어 할 때 화이트페인트를 가장 많이 쓴다. 그 이유가 뭘까? 자취방은 보통 적게는 5평에서 크게는 10평 정도 된다. 채광이 좋으면 어떤 색을 선택하든 상관이 없지만, 넓지 않은 공간에는 화이트만큼 무난한 컬러가 없다. 지금껏 50여 군데 자취방 인테리어를 했는데, 자취생들이 가지고 있는 가전제품이나 가구들을 보면 원목, 화이트, 블랙인 경우가 대부분이다. 배경(벽, 바닥)을 화이트로 하면 소유하고 있는 제품을 매치하기에 가장 무난하다.

페인트와 관련해서 많이 듣는 질문 중 하나가 "벽에도 젯소를 써야 하나요?"이다. 젯소는 표면에 페인팅이 불가능한 곳(유리, 냉장고 표면, 시트지 등 표면이 매끈매끈한 것들)에 페인트가 잘 발리게 도와주는 제품이다. 보통 700ml 젯소 한 통에 7,000원 정도

하는데, 내가 애용하는 페인트(KCC 숲으로 내부수성용 SE 4L)가 7,900원이다. 양과 값을 비교하면 젯소가 이 페인트보다 비싸다. 젯소를 벽에 바르는 건 상관없지만, 보통 자취방은 벽지가 붙어 있기 때문에 페인트보다 비싼 젯소를 바를 필요는 없다.

▶▶▶ **바닥**

애초에 예산이 정해져 있었지만, 전셋집도 아닌 월세방에 큰돈을 들여 장판을 바꾸는 건 비효율적이다.(집주인마다 다르지만, 보통 월세집의 경우 입주 전 벽, 바닥상태가 지저분하면 집주인이 부담해주기도 한다. 이사하는 경우라면 계약 전에 집주인과 확실히 협의하는 것이 좋다.) 바닥은 교체하지 않고 걸레받이만 손보기로 했다. 걸레받이만 제대로 달아줘도 그 효과가 시각적으로 굉장히 크다.

대부분 자취방에는 바닥재 중 저렴한 축에 속하는 모노륨장판 혹은 하이팻트를 쓴다. 보통 인테리어를 의뢰받은 업자들은 바닥보다 조금 길게 장판을 잘라 걸레받이를 만들어준다. 이렇게 하면 걸레받이를 추가로 작업할 필요가 없기 때문이다. 우선 칼로 기존 장판으로 만든 걸레받이 부분을 제거한다.**D** 벽과 바닥의 경계에 맞게 장판 가장자리를 자른다.

걸레받이로 쓰는 제품은 여러 가지가 있다. 우리가 흔히 볼 수 있는 장판을 조금 더 길게 해서 걸레받이로 만드는 방법 외에 '굽도리'라고 하는 제품으로 바닥과 벽의 경계면을 둘러주는 방법이 있다. 그리고 이 집에서 내가 작업하는 방식과 같이 걸레받이로 제작된 나무(MDF 목재)를 구입하여 부착하는 방법도 있다. 우선 벽과 색감을 맞추기 위해 걸레받이로 쓸 나무 앞면을 하얀색 페인트로 2회 칠해준다.**E** 페인트가 마르면 뒷면에 실리콘을 바르고 벽에 붙여준다.**F** 벽이 울퉁불퉁하면 실리콘만으로 부착하기가 어려운데, 글루건을 사용하면 쉽게 붙일 수 있다.

걸레받이를 부착하는 작업을 하다 보면 벽 중간에 턱이 있는 부분을 만나기도 한

다.**G** 이럴 경우 각도톱과 각도톱대**H**를 이용하여 걸레받이를 45도로 자른 다음**I**
실리콘으로 부착하면 깔끔하게 마무리할 수 있다.**J**

▶▶▶ 조명

침대방의 조명이기에 색다른 분위기를 주면서도 아늑함을 줄 수 있는 조명등을 떠올려보았다. 조명은 분위기에 따라, 공간에 따라 느낌이 다르다. 나는 순둥이가 매일 잠이 드는 순간까지 따뜻한 느낌을 받을 수 있기를 바란다.

빠듯한 예산을 염두에 두면서 저렴하면서도 따뜻한 느낌을 주는 조명을 떠올려야 했다. 아무래도 메탈, 유리 소재의 조명보다 패브릭이나 페이퍼로 된 조명갓이 나을 듯싶었다. 벽지와 방 안 분위기를 조화롭게 담아낼 수 있을 것 같았다.

조명 작업을 할 때 가장 우선해야 할 것은 바로 누전차단기(일명 '두꺼비집')를 내리는 것이다. 기존의 조명등**K**을 제거하면 두 가닥 전선이 나온다.**L** 두 전선은 따로 전극이 없다.(간혹 전선이 세 개가 있는 경우도 있는데, 이때는 초록색 선이 접지선, 즉 감전사고를 막는 선이다.) 새로운 조명등을 살펴보면 전선커넥터**M**(예전에는 검은색 절연테이프를 썼지만, 요즘 출시되는 조명등은 전선커넥터가 달려 있어 구멍 안에 선을 꽂아주기만 하면 된다)가 보인다. 여기에 천장에 있는 두 개의 전선을 연결해준다.**N** 조명등을 조립하고 패브릭갓을 달아준다.**O**

바닥재를 굳이 교체하지 않더라도 나무 느낌의 바닥을 바탕으로 벽 컬러에 화이트 그리고 침구류를 블루**P**로 잡아 세 가지 색을 정해준다. 은은한 조명을 달아주면 단정하면서도 심심하지 않은 분위기를 연출할 수 있다.

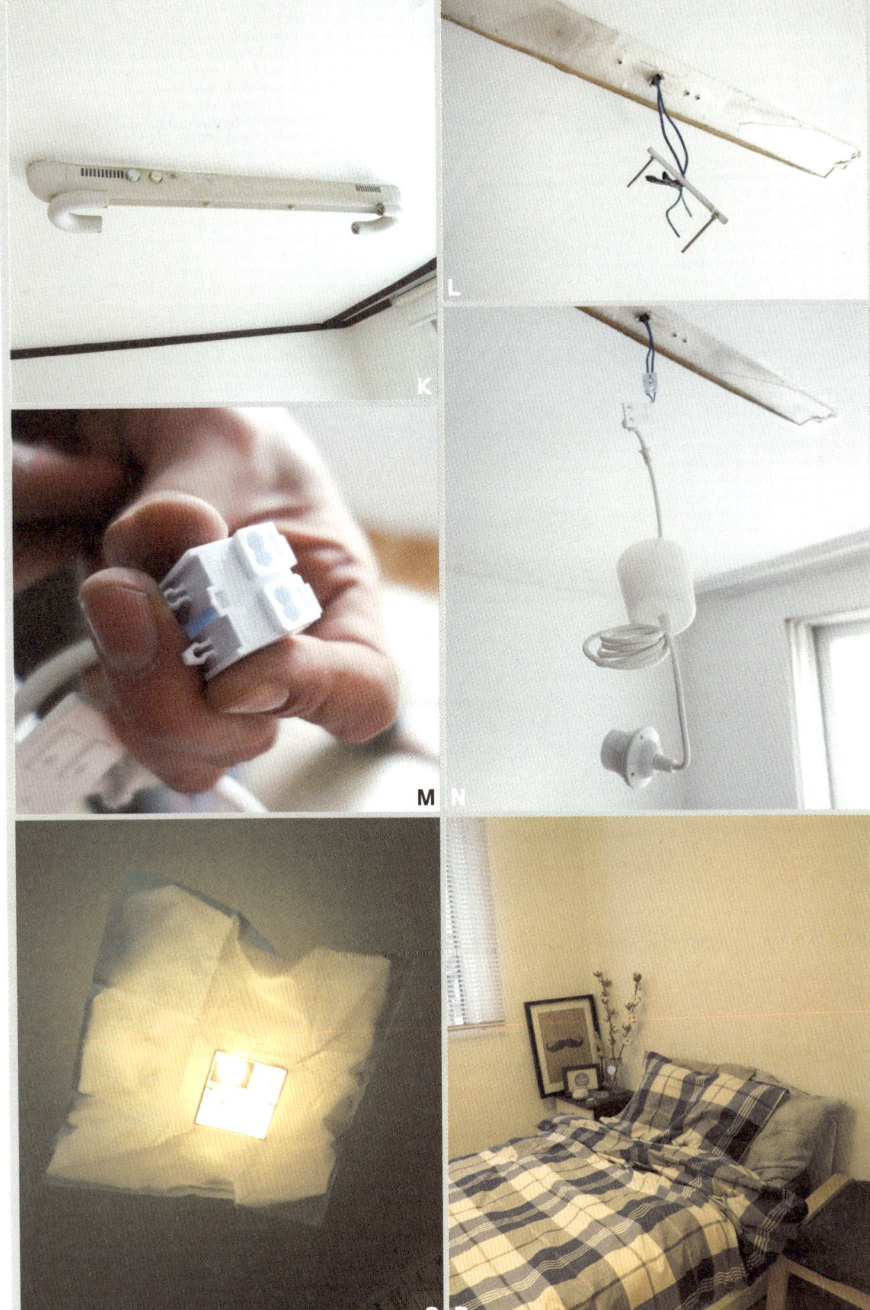

AFTER

▶▶▶ 싱크대

월세방 주방에서 가장 많이 볼 수 있는 것이 바로 옥색의 싱크대이다. 헌데 이 집의 싱크대는 하부장 컬러가 화이트. 보아하니 하부장은 교체한 지 얼마 안 된 듯하다. 옥색의 상부장을 화이트 톤으로 통일해야 좋을 것 같다. 페인트와 시트지를 놓고 선택하기 전에 집주인에게 확인해보니 싱크대는 물이 닿는 곳이라 페인트 작업은 안 했으면 좋겠다고 한다. 작업은 상부장에 시트지를 붙이기로 하고, 더불어 상부장과 하부장 사이에 블루 컬러의 타일로 포인트를 주어 침대방과 함께 컬러의 통일감을 유지한다.

가장 먼저 타일을 교체한다. 타일을 부착하는 작업을 해본 사람은 알겠지만, 모서리나 가장자리의 타일을 절단하는 건 굉장히 어렵다. 하지만 모자이크 타일**A**은 뒷면이 그물로 연결되어 있기 때문에 필요한 부분만큼 가위로 재단해서 쓰면 된다.**B** 그만큼 모자이크 타일은 작업하기가 용이하다. 먼저 타일 붙일 곳을 깨끗하게 청소한다.**C** 이물질이 있으면 접착제의 접착력이 떨어질 수 있다. 청소를 마친 다음 타일 접착제를 벽에 넓게 바르고,**D** 뿔헤라로 고르게 펴준다.**E**(타일 접착제는 피부에 굉장히 좋지 않다. 반드시 장갑을 끼고 작업해야 한다.)

모자이크 타일을 줄에 맞춰 붙여준다.**F** 보통 열 평 정도의 자취방을 기준으로 보면 주방은 모자이크 타일(30×30cm)이 약 20장 정도 필요하다. 수도 혹은 가스배관이 있는 곳까지 모자이크 타일을 붙일 수는 없다.**G**(이 부분은 백시멘트로 타일 작업

A
B
C
D
E
F
G
H
I
J
K
L

을 마무리할 때 같이 해준다.) 타일을 다 붙이고 나서 백시멘트와 물**H**을 혼합하여 치약 정도의 점성을 만든다. 물을 조금씩 섞어 점성을 확인하면서 만들어간다.**I** 고무헤라를 이용하여 타일 사이사이에 하얀 시멘트를 꼼꼼하게 바르고,**J** 물티슈나 물기가 있는 헝겊으로 표면을 정리해준다.**K** 약 반나절 정도 건조해주면 된다.**L**

타일을 교체한 다음 상부장에 화이트 시트지를 발라주었다.**M**(시트지 부착 작업은 206쪽 참고.) 사실 나는 상부장을 화이트 시트지로 리폼하기보다, 상부장을 아예 제거하고 선반을 달고 싶었다. 공간을 넓어 보이게 하려는 효과보다 주방 쪽에 큰 창문이 있는데, 이걸 상부장이 가리고 있었기 때문이다.**N** 순둥이의 짐이 없기도 했거니와 상부장을 제거하면 채광 효과를 높일 수 있다. 하지만 집주인이 허락하지 않았다. 세입자는 계약이 완료되면 원상복구의 의무가 있기 때문에 어쩔 수 없었다. 하지만 시트지로 리폼을 하면 작업도 쉽고, 비교적 쉽게 제거할 수 있는 장점이 있다.

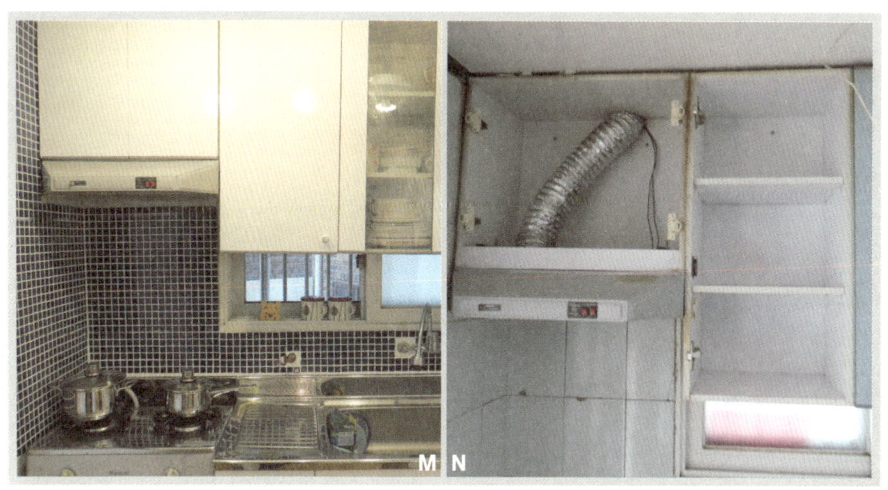

▶▶▶ 조명

주방등은 레일등이 가장 적합하다.**O** 이런저런 조명등을 놓고 비교해봐도 실용성은 물론, 조명효과까지 레일등만 한 조명이 없다. 조명등을 추가적으로 구입하여 밝기를 조절할 수 있고, 식탁 바로 위에 쓰일 조명도 레일과 연결할 수 있다. 또한 기본 레일등(레일 1m+조명등 3개)**P**을 2~3만 원 되는 돈으로 구입할 수 있어서 경제적으로도 부담이 적다.(레일등 교체작업은 30쪽 참고.)

AFTER

▶▶▶ **방문**

보통 자취방은 현관이라는 공간이 없다. 워낙 공간이 좁다 보니 현관이란 곳을 따로 만들 엄두가 나지 않기 때문이다. 하지만 현관은 인테리어를 꾸미려는 관점에서 보면 대단히 중요한 곳이다. 집은 사람과 마찬가지로 첫인상이 중요하다. 문을 열 때 깔끔하게 정돈되고 아늑한 느낌을 주면 저절로 집에 들어오고 싶을 것이다. 매일매일 오고 가는 공간이라고 해도 우리의 무의식 속에 자리 잡은 현관의 모습은 지친 일상에서 집이라는 안식처 느낌을 줄 수도, 반대로 피로를 가중하는 느낌을 줄 수도 있다.

순둥이네 집 또한 여느 자취방과 마찬가지로 여유가 없었다. 투룸이다 보니 방 두 개를 크게 만든 반면 거실의 크기가 애매했다. 현관에서 주방으로 이어지는 이 공간에 가구를 놓기에는 좁고, 그렇다고 그냥 두기에는 허전해 보였다. 이래저래 손을 보기가 애매한 공간이었다. 우선 침대방, 주방과 마찬가지로 장판을 제거하지 않은 상태에서 화이트페인트를 바르고, 걸레받이를 교체했다. 전체적으로 통일감을 주기 위한 작업이었는데, 집 안 분위기가 밋밋하게 보일 수 있다.

그래서 나는 방문에 페인트를 발라 분위기를 바꿔보기로 했다. 보통 자취방의 욕실문, 방문은 나무재질인 경우가 많다.(이 외에 MDF에 시트지가 싸여 있는 나무도 있다.) **A** 이러한 문에는 반드시 유성페인트를 사용해야 한다. 수성페인트는 말 그대로 물을 바탕으로 만들어진 페인트이기 때문에 나무에 바르면 나무가 갈라질 수 있다. 유성페인트는 기름을 바탕으로 만들어지기 때문에 나무에 바르면 코팅을 하는 효과가 있다. 또한 수성페인트는 물이 기본이어서 광도 없을 뿐더러 파스텔 톤 느껌이 들지만, 유성페인트는 기름이 기본이 되기 때문에 광이 나고, 색깔도 또렷하다. 하지만 수성페인트가 냄새가 거의 없는 데 반해 유성페인트는 냄새가 진하다. 어느 페인트가 좋고, 어느 페인트가 나쁘다고 할 수 없다. 좋고 나쁜 페인트가 아닌, '적합한' 페인트가 있을 뿐이다. 페인팅을 할 곳의 원재료(철, 목재, 시트지 등)에 따라 어떤 페인트를 선택하느냐가 중요하다.

순둥이네는 방문이 나무재질이고, 니스가 발려 있었다. 이럴 경우 사포로 니스(코팅막)를 벗겨야 페인팅을 할 수 있다.**B** 니스가 바니쉬처럼 코팅이 되어 있으면 페인트가 문에 스며들지 않기 때문이다. 수성페인트 작업을 할 때 페인트가 잘 발리고 스며들기 위해 전체 페인트 양의 5% 정도 물을 섞어주는 것과 비슷하게 유성페인트는 전체 페인트 양의 5% 정도 시너를 섞어준다. 유성페인트 원액은 찐득해서 바르기가 쉽지 않다. 시너를 섞어주면 훨씬 쉽게 페인팅을 할 수 있다. 문에는 다크네이비 컬러의 유성페인트를 칠했다. 사실 미닫이문의 브라운 컬러를 떠올렸는데, 문 상태를 보아하니 군데군데 니스가 벗겨져 있고, 컬러도 부분부분 채도가 달라 진한 색으로 페인팅을 해줘야 했다.**C**(유성페인트는 냄새가 독하기 때문에 이사 전에 작업을 하거나 방문을 떼어 옥상같이 환기가 잘되는 곳에서 페인팅 해주는 것이 좋다.)

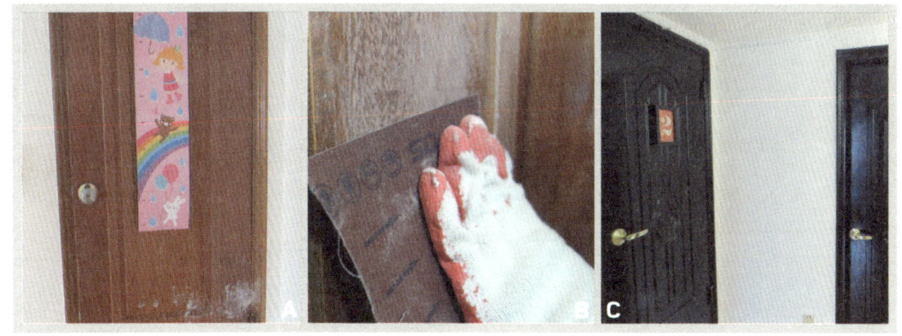

▶▶▶ **선반**

방문에 페인팅 작업을 마치고, 본격적으로 벼르고(?) 있던 거실 공간을 손보기로 했다. 이렇듯 애매한 공간에 저렴하면서도 이색적인 인테리어 효과를 내는 방법이 있다. 동네철물점처럼 작은 곳 말고 규모가 있는 철물점에 가면 1개당 1,300원가량 하는 벽돌을 구입할 수 있다.**D** 나는 벽돌을 9개 준비하고, 1800×2300mm짜리 코팅된 18T 집성목을 구입했다.**E** 벽돌과 나무를 겹치게 쌓으면(1단에 벽돌 3장과 길이를 3등분한 집성목 1장 기준) 3단짜리 맞춤형 장식장을 만들 수 있다.**F** 일부러 잡고 흔들지만 않으면 쓰러질 염려도 없다. 거실뿐 아니라 가구를 놓기 애매한 현관의 신발장이나 투룸의 복도에 설치하면 자연스러운 분위기를 연출할 수 있다.

▶▶▶ **조명**

폭이 좁고 긴 공간에는 레일등이 유용하다. 기존에 달려 있는 조명의 위치가 애매해서 T자형 레일연결잭**G** 을 사용하여 장식장을 비춰줄 조명을 벽 쪽에 설치했다.**H** 인테리어 작업하기 애매한 공간에 불빛까지 받게 하니 더욱 멋스러운 분위기를 연출할 수 있었다.(레일등 교체작업은 30쪽 참고.)

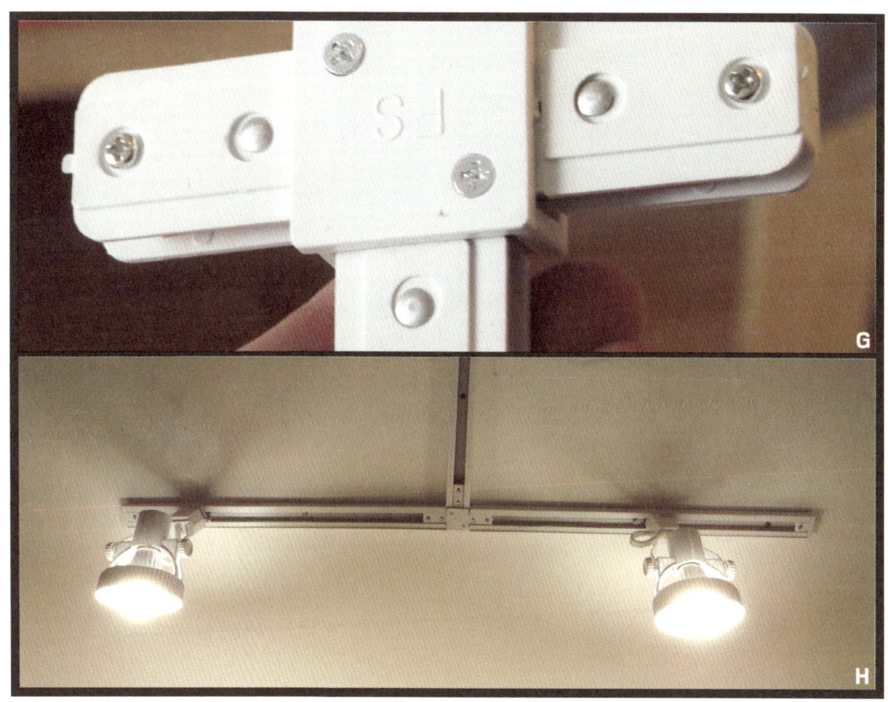

AFTER

'모정'이 담긴 목화나뭇가지

어느 집이든 문을 열고 들어가면 눈에 띄는 소품이 있기 마련이다. 나는 순둥이네 현관문을 열고 들어가서 제일 먼저 눈에 띄는 곳에 목화 나뭇가지를 놔뒀다. 현관뿐 아니라 침대맡에도 목화 나뭇가지를 놓아두었다. 사실 시각적으로 목화 나뭇가지보다 더 근사한 아이템이 있을지도 모른다. 하지만 굳이 이곳에 목화 나뭇가지를 놔두고 싶은 이유가 있다.

목화와 관련해서 중국에는 '모노화'라는 전설이 있다. 옛날 모노화라는 여자가 있었다. 그녀는 매우 아름다워 돈, 권력을 가진 많은 남자들에게서 청혼을 받았다. 하지만 그녀는 권세가들의 청혼을 뿌리치고 자신에게 꽃을 선물한 떠돌이 상인과 결혼했다. 행복하게 살던 부부는 소조챠라는 딸까지 얻었다. 그러던 어느 날, 나라에서 전쟁이 벌어지고 남편은 전쟁터에 나갔다가 죽고 말았다. 나라 또한 전쟁에서 패해 망하고 말았다.

더 이상 먹을 것도, 따듯하게 지낼 집조차 없었지만 모노화는 소조챠를 위해 아무렇지도 않은 척했다. 하지만 배를 곯는 딸을 두고 볼 수가 없어 자신의 몸을 도려내 음식을 만들어 먹였다. 살을 도려내다 보니 너무 고통스러웠지만, 모노화는 딸 앞에서 태연했다. 하지만 모노화는 결국 나흘 만에 과다출혈로 죽고 말았다. 소조챠는 슬퍼하며 주위 사람들에게 부탁해 조촐한 장례를 치르고 어머니를 묻어줬다.

그러던 어느 날 무덤에서 새싹이 나왔다. 소조챠는 어머니를 생각하며 꽃을 잘 키우려고 했지만, 주위에서 물을 쉽게 구할 수 없었다. 이대로 꽃이 죽을까 며칠 동안 걱정을 하고 있는데, 어느새 꽃이 피고 열매가 맺혔다. 그 열매에서 터져 나온 것은 하얗고 부드러운 '솜'이었다. 사람들은 그 솜을 죽은 모노화가 딸이 걱정되어 따뜻하고 편하게 옷을 지어 입을 수 있도록 보낸 것이라고 했다. 사람들은 모노화의 이름을 따서 '모화'로 부르다가 점차 시간이 흐르면서 '목화'로 불렀다고 한다.

순둥이에게도 따뜻함을 주고 싶었다.

준비물: 목화나뭇가지(양재 꽃시장/ 5천 원대)

#4

메마른 일상에 찌든 직장인의 라이프스타일 되찾기 프로젝트

잃어버린 나 찾기, 잃어버린 공간 만들기!

▶▶▶ 온전히 나만을 위한 공간이 필요해!

2014년 9월, 하반기 공채가 시작됐다. 당시 나는 첫 번째 책인『제이쓴의 5만 원 자취방 인테리어』를 집필하며 하루하루를 정신없이 보내고 있었다. 솔직히 말하자면 대학교 4학년이었던 나에게 취업이란 것이 큰 의미로 다가오지 않았다. 그보다는 내 이름을 건 책을 출간하는 것이 중요했다. 드디어 책이 출간되어 나는 설레는 마음으로 천안에 있는 본가로 내려가 부모님 앞에 책을 내밀었다.

"엄마 아빠, 제 책이에요. 드디어 나왔어요!"

그런데 뭔가 이상했다. 부모님의 반응은 내가 생각했던 것과 너무도 달랐다. 분위기가 싸늘했다. 나는 그 이유를 알 것만 같았다. 부모님은 내가 직장에 들어가 안정적인 삶을 살기를 바란 것이다. 축하와 격려를 들을 수 없다는 것을 깨닫고 많이 서운했다. 하지만 속내를 보이지 않고 조용히 서울로 돌아왔다.

이듬해 1월, 일이 터지고 말았다.

"아들, 너 이번 여도 목표가 뭐니?"

아버지께서 말씀하셨다. 너무나 화가 났다. 나는 그 물음에 무슨 뜻이 담겨 있는지 알았다. 그 순간 참았어야 했는데, 그만 감정적인 말들을 쏟아냈다.

"도대체 왜들 이러시는 건데요? 왜 이렇게 자꾸 취업취업 하시는 거예요?"

어머니도 아버지의 말에 한몫 거들었다.

"이럴 시간이 어디 있어? 너 취업 안 하니? 도대체 뭐해먹고 살려고 그래? 어? 도대체 어디가 모자라 남의 집을, 그것도 돈 한 푼 안 받고 도와주러 다니는지……."
"왜요? 내가 엄마, 아빠한테 돈 달라고 그랬어요? 솔직히 해준 게 뭐가 있어요, 나한테?"
그렇게 서로에게 상처 되는 말이 봇물 터지든 쏟아져나왔다. 나는 내 행복이 존중받지 못한다는 사실이 너무나도 괴로웠다.

"내가 그동안 어떻게 살아온 줄 알아요?"
때로는 처절하기도 했고, 악착같이 버티려고 안간힘을 쓰기도 했고, 절대로 흔들리지 않기 위해 마음을 다잡으며 독하게 살려고 노력했던 나날들. 하지만 그 시간이 부질없이 느껴졌다. 아니 나 자신이 초라해지는 느낌이었다.
입 밖으로 꺼내고 싶지 않았던 과거. 내 자존심이고 나의 몫이기에 누구에게도 동경을 바라지도, 동정을 구하지도 않았다. 가족이라 해도 이해를 바라지도 않았던 지난 이야기를 쏟아내고 말았다. 가족들은 아무 말이 없었다. 나는 방으로 들어와 자리에 누웠지만 도저히 잠을 이룰 수 없었다.

너무나도 아픈 밤이었다.

이튿날 서울로 올라오기 위해 가방을 쌌다. 집을 나서려는데, 엄마가 말했다.
"밥이라도 먹고 가."
그냥 나오려다 그렇게 하면 안 될 것 같아 말없이 고개를 처박고 숟가락으로 꾸역꾸역 밥을 넘기는데 눈물이 쏟아졌다. 성장한 이후 처음, 엄마 앞에서 소리 내어 울었다. 혹시 내가 이기적인 행복만 생각하며 가족들에게 상처를 주는 건 아닌가 싶은 생각이 들었다.

"제이쓴은 자기 뜻대로 살아가는 사람 같아요."

푸념하는 듯한 말투로 이번 의뢰인은 이야기를 꺼냈다.

"저는 제이쓴의 그 용기가 부러워요. 자신의 행복을 위해, 사는 대로 생각하는 게 아니라 항상 새로운 것에 도전하고, 또 그걸 즐기는 모습이 보여요. 왜 저한테는 그런 열정이 없을까요? 제가 너무 무기력하네요."

이번 의뢰인을 처음 만났을 때의 첫인상? 활력이 없어 보였을 뿐만 아니라 매일같이 똑같은 반복적인 일상에 이미 지칠 대로 지쳐버린 얼굴을 읽을 수 있었다.

광고업을 하고 있는 이번 여성 의뢰인. 소위 잘나가는 회사에 다니고 있고, 남부러울 것이 없을 거란 생각이 들었던 게 사실이다. 그런데 언젠가부터 의뢰인은 그 생활에 안주를 해버리고 말았나 보다.

매일같이 반복되는 일상. 일은 힘들진 않았지만 그러한 하루하루가 반복이 되니 지칠 수밖에 없었을 것이다. 의뢰인은 무엇인가를 창작하면 자신이 특별해지는 느낌을 받는다고 했다. 창작이야말로 자신의 삶에 동력이 된다면서 이제는 오래되어버린 그 열정을 일으키기 위해, 자신이 특별해지기 위해 이사를 결심했다고 했다.

"나만의 독립적인 공간을 갖고 싶었어요. 그곳에서 나시 그림을 그리고 싶어요. 온전히 나만을 위한, 30대의 싱글라이프를 제대로 즐길 수 있는 공간이 있었으면 좋겠어요."

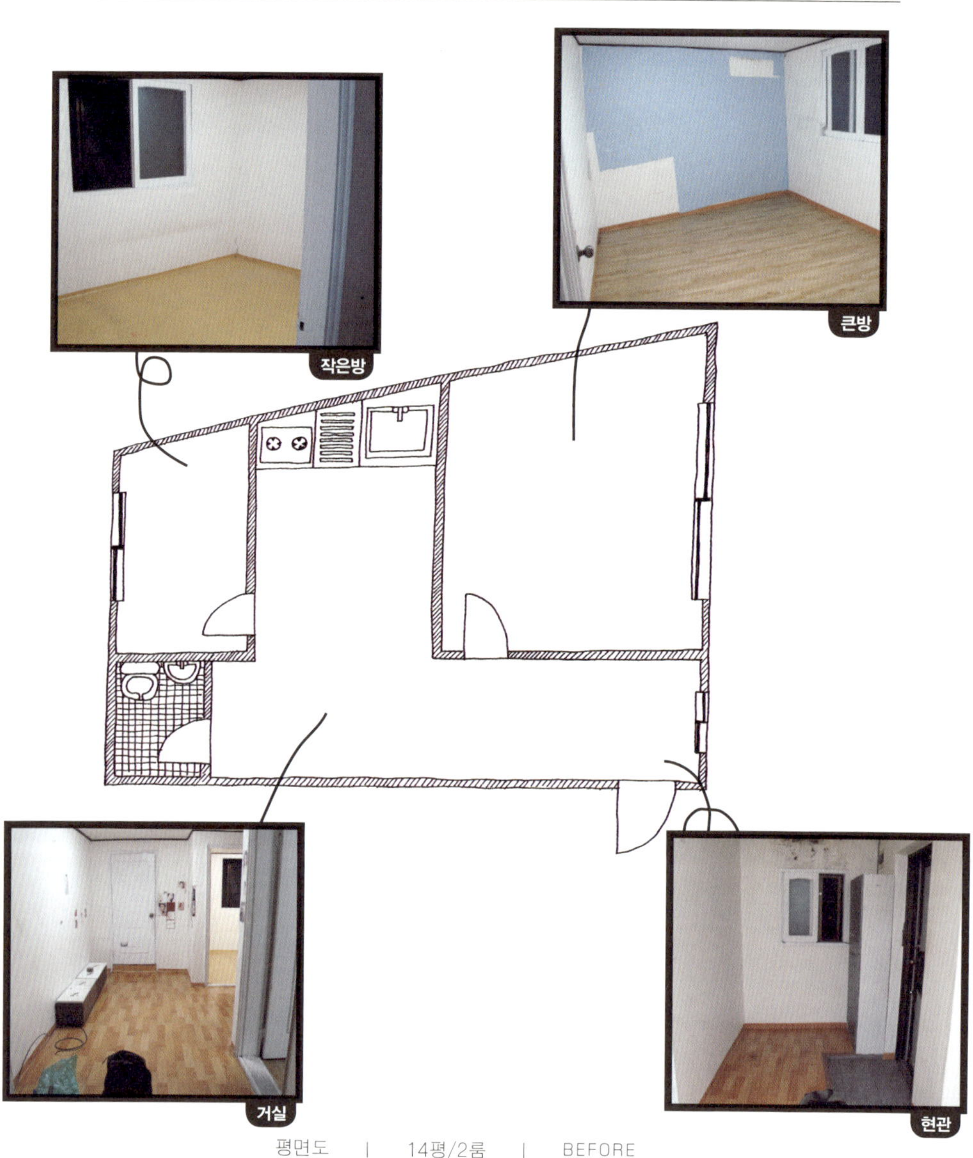

평면도 | 14평/2룸 | BEFORE

▶▶▶ 응접실은 물론 작업실까지, 오직 나에게 맞춘 공간 스타일링

이태원 경리단길에 있는 열네 평 정도의 투룸. 큰방 창이 정남향이어서 채광도 좋고, 환기도 잘된다. 방이 두 개인데, 방과 방 사이를 연결하는 거실 공간이 좁고 길쭉하다. 그 덕이랄까, 탓이랄까 각 방이 더욱 독립된 공간처럼 보인다. 기존 세입자는 4인 가족이었는데, 짐이 많았다고 한다. 그러다 보니 집 안 상태가 좋지 못하다. 벽지는 오염되고 훼손된 곳이 많고, 두 방과 거실 공간 모두 바닥재가 제각각이다.

의뢰인과 이야기를 나누다 보니 처음에는 굉장히 여성스러워 보이고 감성적인 것 같았는데, 시간이 지날수록 털털한 모습도 눈에 들어온다. 자기 주관이 확실하면서도 주변사람들을 배려할 줄도 아는 사람 같다. 공간 컨셉을 잡는 데 의뢰인의 면모를 많이 반영했다. 의뢰인은 자기만의 작업공간을 갖길 바라면서도, 지인들을 초대해서 어울리고 싶어했다.

현관에 가까운 큰방은 응접실 겸 작업실로 만들기로 결정했다. 의뢰인은 앞서 보았던 세무사 의뢰인의 자취방에 두었던 커다란 책상(33쪽 사진 참고)을 갖길 바랐다. 응접실의 기능을 하면서도 작업실 같은 느낌을 살리면서, 동시에 큰 책상이 어울리는 공간을 만들어야 했다. 모던하고 심플한 분위기는 영 어울릴 것 같지 않고, 세련되고 고급스러운 느낌으로 접근해야 할 것 같다. 지금까지 벽은 페인팅이든 도배든 한 공간에서 통일감을 중시했는데, 이번 의뢰인의 큰방에서는 허리몰딩을 두르고 투 톤으로 꾸며볼 참이다. 샹들리에 전등을 달면 고급스러운 느낌이 더

욱 살아날 것이다. 클래식한 공간이 되지 않을까 기대된다. 단 이곳에 수납했던 옷은 침대방이 될 작은방으로 이동해서 공간의 컨셉을 명확히 한다.

작은방은 북향이지만, 생각보다 채광이 좋다. 굳이 벽을 흰색으로 맞추기보다 의뢰인의 취향을 고려해도 좋을 듯하다. 새로운 일상을 꿈꾸며 이사를 하는 만큼 기존 자취방에서 찾아볼 수 없었던 산뜻하면서도 고급스럽고 클래식한 느낌을 큰방보다 더 살려보기로 했다. 의뢰인의 취향을 고려하여 작은 꽃무늬 패턴의 벽지를 벽에 2/3 정도 도배하고, 허리몰딩을 부착하는 '웨인스코팅' 스타일로 은은한 분위기를 연출해볼 참이다. 꽃무늬 벽지로 도배하고, 투 톤으로 작업을 고려해서 조명등은 화려하지 않으면서도 분위기에 걸맞은 등을 선택할 생각이다.

길고 좁은 거실에서 무엇보다 신경 써야 하는 것이 조명이다. 조명등 하나로 길고 좁은 공간을 구석구석 환하게 비출 수는 없다. 거실 공간은 가장 먼저 조명에 레일등을 사용하기로 결정했다. 활용할 수 있는 공간에는 선반이나 장식장을 놓아 실용성도 놓치지 않고, 보기에도 예쁜 곳으로 만들어볼 예정이다.

1. '응접실 겸 작업실' 컨셉의 큰방은 세련되고 고급스러운 느낌을 살려라.

　대개 자취방은 모던하고 심플함을 추구하게 된다. 하지만 '응접실 겸 작업실'을 생각한다면 모던함과 심플함의 컨셉은 공간을 불분명한 곳으로 만들어버릴 수 있다. 오히려 세련미를 살리면서 고급스럽게 꾸미는 방법을 생각해보자.

2. 컨셉을 잡았으면 철저하게 컨셉을 따를 것.

　인테리어 작업을 할 때마다 누누이 강조하는 바이지만, 좁은 자취방에서는 공간의 성격을 확실히 설정해야 한다. 의뢰인은 응접실 겸 작업실을 꼭 갖고 싶어했다. 이를 위해 응접실 겸 작업실의 컨셉에 맞지 않은 수납장과 옷은 침대방으로 옮긴다.

큰방(응접실 겸 작업실)

준비물	비용	판매처 or 상품명
엔틱 샹들리에	70,000원대	엔틱모아
반DIY 원목책상(1800×700cm)	120,000원대	필웰
에스닉 러그(145×145cm) 네이비	60,000원대	데코뷰(텐바이텐)
에반 3인용 소파	280,000원대	에몬스
화이트 시폰 커튼(230×150cm) 두 쪽	10,000원대	모던하우스
오일스테인 레드파인 743	10,000원대	본덱스
오일스테인 월넛 733	10,000원대	본덱스
찬넬기둥, 찬넬받침대	각 3,000원대	손잡이닷컴
집성목 18T(재단한 것)2300x1800mm	55,000원	목공소
마디카 수종 몰딩 3cmx2.4m(웨인스코팅)	4,000원	미성몰딩(방산시장 내)

작은방(침대방)

준비물	비용	판매처 or 상품명
화이트 펜던트 2등	100,000원대	조명플라자
화이트 쉬폰	10,000원대	이케아
화이트 침구 세트	40,000원대	이케아
나무무늬 모노륨장판(180×230cm) 2장	90,000원대	LG 하우시스
장판본드, T형 접착제	5,000원	철물점·지물포
꽃무늬 벽지 블라썸 민트(45382-2)	30,000원대	DID벽지

거실

준비물	비용	판매처 or 상품명
리페어 퍼티 100g	5,000원	철물점
화이트 레일 2.5m	12,500원	베스트조명(11번가)
전원마감잭	1,500원	베스트조명(11번가)
화이트 아트콘 등기구 4개	20,800원	베스트조명(11번가)
T형 연결잭	2,000원	베스트조명(11번가)
4단조립형 철제책상 4개	130,000원대	쿠팡(웅스)
철헤라 혹은 고무헤라	1,000원대	철물짐·오픈마켓
길레받이 2.4m(20개)	80,000원(개당 4,000원)	대영우드
스펀지	500원부터	대형마트·수퍼마켓
페인트롤러, 붓, 도배붓, 페인트트레이	각 1,500~2,000원	철물점
커터칼, 신문지, 면장갑, 드라이버		

공통

준비물	비용	판매처 or 상품명
네이비 페인트 1QT(DEA189)	35,000원	던애드워드
삼화페인트 내부수성용 20L(E02102)	60,000원	삼화페인트
숲으로 내부수성용 SE 18L(화이트)	50,000원대	KCC(온·오프라인)
마디카 수종 몰딩 5cmx2.4m(허리몰딩)	6,000원	미성몰딩(방산시장 내)
실리콘, 글루건	각 2,000원부터	철물점·오픈마켓
각도톱과 각도톱대	9,000원부터	오픈마켓
가루풀 500g	5,000원	지물포
페인트롤러, 붓, 도배붓, 페인트 트레이	각 1,500~2,000원	철물점
커터칼, 신문지, 면장갑, 드라이버		

Self
Interior
Start!

▶▶▶ 벽

작은방은 창이 북쪽으로 향해 있지만, 채광이 굉장히 좋은 편이다.**A** 그 덕에 컬러 선택이 자유롭다. 대다수 자취방에서 애용하는 화이트 컬러에서 탈피하여 여성스러운 의뢰인의 취향을 고려해서 꽃무늬 벽지를 선택했다. 물론 꽃무늬 벽지는 전세방, 월세방에서 자주 볼 수 있는 아이템이긴 하다. 하지만 대다수 집주인이 인테리어 단가를 우선시하다 보니 비교적 저렴한 벽지를 선호해서, '꽃무늬 벽지' 하면 알게 모르게 세들어 사는 입장에서는 먼저 경계부터 하게 된다. 하지만 고급스러운 분위기를 연출할 수 있는 꽃무늬 벽지도 찾아보면 분명 존재한다.**B**

도배 전 스위치와 콘센트커버를 벗겨줘야 도배하기가 훨씬 수월하고,**C** 마감도 깔끔하게 할 수 있다.**D** 벽에 2/3만큼 정확하게 선을 그어준 다음 실크벽지와 가루풀을 사용하여 도배한다.(도배작업은 26쪽 참고.)**E** 도배지가 살짝 울더라도 하루 이상 건조해주면 벽지가 벽에 밀착된다. 패턴(무늬)이 있는 벽지를 고를 땐 무엇보다 구입하는 사람의 안목이 중요하다. 잘못 선택하면 촌스럽거나 답답해 보일 수 있지만, 잘 선택하면 아늑하고 고급스러운 느낌을 살릴 수 있다. 패턴이 있는 벽지로 인테리어를 하고 싶다면 큰 패턴은 가급적 피하고, 작은 패턴을 선택하는 것이 실패할 확률을 줄일 수 있다.

패턴 있는 벽지를 선택할 때 유의사항이 또 하나 있다. 이러한 벽지가 마음에 든다고 한쪽 벽면 혹은 방 안 전체를 도배하는 건 모험이다. 아무리 마음에 든다고 해도 벽 전체에 붙여놓는다면 쉽게 질릴 수 있고, 갑갑한 느낌을 받을 수 있다. 나는 허리몰딩용 나무를 구입해서 벽과 같은 컬러로 페인팅 해준 다음**F** 붙여줬다.

실리콘과 글루건을 사용했고, 각도톱을 사용해서 길이를 맞췄다.(몰딩 부착 작업은 92쪽 참고. 몰딩과 걸레받이는 부착 방법이 똑같음.)**G**

▶▶▶ 바닥

거실, 큰방과 달리 이 방은 바닥에 노란 장판이 깔려 있었다.**H** 다세대주택이라면 두 집에 하나 꼴로 볼 수 있다는 장판이다. 노란 장판이 깔려 있는 이유가 있다. 예전 어른들은 이사를 하면 고민할 것도 없이 노란 장판을 깔았다고 한다. 노란색에 황금의 의미를 담아 부자가 되자는 염원을 깐 것이다. 의미는 좋지만, 미관상 어울리지 않는 경우가 많다. 마침 이 방의 장판도 오래됐고, 집주인이 비용을 부담하겠다고 해서 교체하기로 했다.

바닥재를 교체하기 위해 기존 바닥재를 걷어냈다.**I** 작업은 2월에 했다. 기온이 많이 내려가서 보일러를 틀었는데, 유독 이 방만 바닥에 온기가 느껴지지 않았다. 바닥재를 드러내 보니 장판이 2중으로 깔려 있었다. 두 겹으로 된 장판을 제거했더니 왼쪽 바닥에 비해 오른쪽 바닥의 색깔이 눈에 띄게 진하게 보인다. 바로 습기 때문이다.**J** 얼마나 오래되었는지 악취도 나고, 벌레도 보였다. 바닥재를 교체하려는 작업을 하려면 작업 전에 반드시 보일러를 틀어 완벽하게 건조해야 한다. 그래야 바닥이 뜨거나 우는 등의 문제를 예방할 수 있다.

만약 이사를 계획하고 있다면 이사 갈 집 바닥재를 반드시 확인해보아야 한다. 업체에게 의뢰해서 바닥재를 교체해달라고 하면 바닥재 상태를 꼼꼼하게 확인하는 경우가 드물다. 습기 때문에 바닥에 물이 보인다거나 습기로 인해 눅눅하면 기존 바닥재 위에 새로운 바닥재를 깐다. 그러면 열전도율이 떨어지고 습기가 계속 남아 곰팡이가 생기기도 하고, 벌레가 꼬이는 등의 문제가 발생한다.

바닥재는 업체를 통해 교체한다고 하더라도 스스로 바닥재를 걷어 보고 바닥재와 바닥을 확인해보아야 한다. 만약 하루 이상 건조했는데도 습기가 남아 있으면 누수·결로를 의심해봐야 한다. 의뢰인의 작은방과 같이 넓지 않은 공간의 바닥재를 교체하려 한다면 스스로 해보라고 권유하고 싶다.**K** 데코타일 혹은 하이팻트, 모노륨장판은 시공업자를 부를 만큼 어려운 작업이 아니다.(시공업자에게 맡기면 만만찮은 인건비가 발생한다.)

방바닥에 맞게 바닥재의 길이를 잰 다음**L** 장판 뒤의 눈금에 맞춰 가위로 자른다.**M** 보통 하이팻트, 모노륨 장판은 걸레받이를 따로 시공하지 않고 장판을 바닥보다 여유 있게 재단하여 걸레받이를 만든다.**N**

장판의 길이를 방바닥에 맞추고 나서 바닥에 접착제를 발라준다. 바닥재용 본드를 사용하여 뭉침 없이 뿔헤라로 고루 펴준다.**O** 모노륨 장판 본드는 전체를 고루 바르지 않아도 된다. 하지만 테두리 부분은 꼼꼼하게 발라줘야 한다.**P** 보통의 방은 바닥재를 두 폭 정도 사용한다. 하이팻트는 겹침시공을 하지만, 이번 작업과 같이 모노륨을 사용할 경우 마무리 짓는 방법이 다르다. 우선 두 장판 폭이 만나는 이음점을 무늬에 정확하게 맞춘다.**Q** 장판 사이에 틈이 생기게 되는데**R** 장판이음새 용착제를 T자 모양의 접착제 통**S**에 담고 붙여주면 된다.**T**

장판을 이용하여 걸레받이를 쉽게 만들 수 있는 방법이 있지만 아무래도 보기에는 예쁘지 않다. 장판을 바닥과 벽 경계에 맞춰서 절단한다.**U** 걸레받이용 목재에 벽과 똑같은 화이트 컬러로 페인팅을 해준 다음, 잘 말리고 뒷면에 접착제를 발라**V** 걸레받이 부위에 붙여준다.**W** 이것으로 벽과 바닥이 완성됐다.**X**

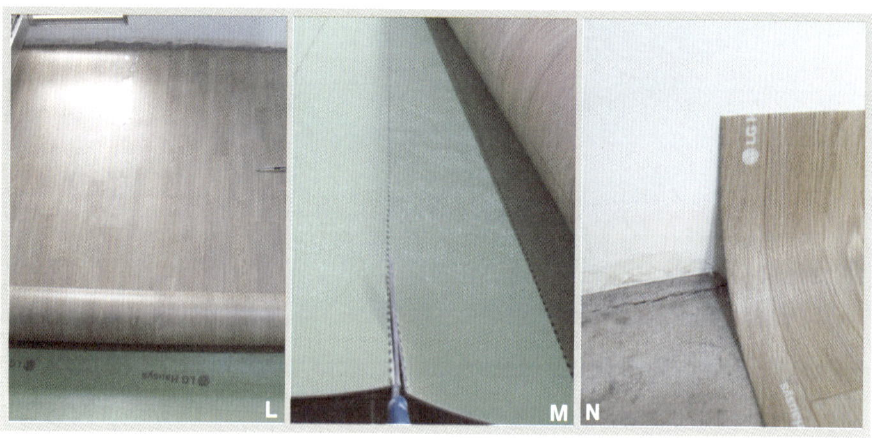

▶▶▶ **조명**

패턴이 있는 벽지에 어떤 조명등을 활용하는지에 따라 공간의 느낌이 달라질 수 있다. 조명빛과 벽지의 패턴이 어울려야 한다. 자칫 조명의 밝기에만 신경을 쓰면 패턴 있는 벽지가 산만하고 어지럽게 보일 수 있다. 애초에 이 방을 침대방으로 꾸미기로 한 만큼, 또한 패턴 있는 벽지를 쓰기로 한 만큼 나는 은은한 조명등을 활용할 생각이었다.Y

철제 조명에 꽃무늬가 타공되어 있다. 아무런 문양 없이 심플한 조명을 고르면 자칫 전체적인 컨셉과 어울리지 않을 수 있다. 때문에 너무 화려해서도, 그렇다고 문양이 많이 들어가서도 안 된다. 이미 벽지에 패턴이 있어 화려한 느낌을 주는데, 조명까지 샹들리에 같은 등을 설치하면 과해 보일 수 있다.

AFTER

▶▶▶ 벽

벽에 지저분하게 붙어 있는 방한벽지를 철 헤라로 제거한다.**A** 방한벽지는 기존 벽지에 접착되어 있기 때문에 그 부분은 도배를 해줘야 한다. 특히 벽에 곰팡이가 있으면 주의를 해야 한다. 페인팅이든 도배 작업이든 마찬가지다. 곰팡이를 깨끗이 제거하고 하루 정도 건조해야 한다. 기존 벽지 전체를 제거하는 건 너무 많은 시간과 손이 들어간다. 굳이 전체를 제거하지 않아도 된다. 벽지를 보면 두 장이 겹쳐져 있는데, 겉지만 제거한다.**B**

실크벽지는 가루풀을 사용해야 접착력이 좋다. 하지만 이번에 작업할 합지 재질의 벽지는 도배풀을 써도 상관없다.**C** 어차피 페인트를 칠해줄 참이어서 벽지는 컬러가 있더라도 무늬가 없는 것으로 골랐다. 벽지를 바르고 내부 수성용 페인트를 칠한다. 단 벽 전체를 바르지 않고, 2/3 지점까지만 칠해준다.**D** 이 방 역시 작은방과 마찬가지로 웨인스코팅으로 꾸밀 계획이다.

마디카 수종 3cm 허리몰딩 목재를 회색페인트로 칠한다.**E** 공간이든 사물이든 페인팅은 최소 두 번 이상 작업을 해줘야 한다. 미리 그어둔 선에 허리몰딩을 실리콘과 글루건을 사용하여 붙인 다음, 몰딩을 칠한 회색페인트로 허리몰딩 아래쪽을 칠한다.**F** 마디카 몰딩 1.5cm 목재를 길이에 맞춰 네 막대로 자르고, 각도톱으로 45도 각도에 맞춰 절단한 다음**G** 회색페인트로 칠한다.**H** 글루건으로 모서리를 연결하여**I** 사각형을 만들고,**J** 간격에 맞춰 벽에 붙인다.**K** 걸레받이도 제거한 다음**L** 벽의 컬러에 맞춰 회색페인트를 칠하고**M** 실리콘과 글루건을 이용하여 붙여준다.

▶▶▶ **조명**

벽을 웨인스코팅 스타일로 꾸몄기 때문에 그에 걸맞은 조명등이 필요하다. 보통 자취방에서 찾아보기 힘든 고급스러운 조명등을 생각해보았다. 샹들리에 모양의 조명등을 찾았는데, 제법 무게가 나가서 설치하는 데 다른 조명등과 달리 신경을 써야 했다. 조명등을 교체하기 위해서는 우선 누전차단기(일명 '두꺼비집')의 전원을 내린다. 기존에 설치되어 있던 조명등을 제거하면 전선 두 가닥이 나온다.**N** 가벼운 조명등을 달 때는 상관이 없지만, 무게가 있는 조명등을 달 때에는 지지대**O**를 단단하게 고정하지 않으면 등이 떨어져나갈 수 있다.

보통 천장의 벽지 속에는 합판(석고보드)이 있고, 그 위에 각재들이 가로와 세로의 네모 틀 모양을 이루고 있다. 즉 우리가 도배를 하는 겉면은 합판(석고보드)이다. 무거운 조명등은 각재의 가로틀과 세로틀이 만나는 지점에 설치를 해야 한다.**P** 육안으로는 그 지점을 찾을 수 없지만 손으로 두드리면 위치를 찾을 수 있다. 속이 빈 소리가 아닌 둔탁한 소리가 나는 곳에 조명을 설치한다. 기존에 조명이 있던 자리를 살펴보면 각재가 보이는데,**Q** 이 각재 방향에 맞춰 조명을 고정하는 지지대를 설치하고**R** 조명등과 연결하면 된다.**S**

의뢰인은 책 읽기를 즐기고, 맘에 드는 영화는 DVD로 구입해 소장하는 걸 좋아한다. 따로 가구를 구입해 놓아두는 것도 좋지만, 찬넬을 벽에 설치하고 책과 DVD를 진열하는 것도 그 자체로 하나의 장식 효과를 줄 수 있다. 웨인스코팅으로 벽을 꾸미고, 샹들리에 조명등을 단 공간에 찬넬을 설치해놓으니 분위기가 훨씬 운치 있어 보였다.

웨인스코팅으로 벽을 장식하면 로맨틱하면서 고급스러운 분위기를 살릴 수 있다. 커튼 또한 시폰 소재를 사용해 공간의 분위기에 조화를 맞추었다. 이미 화이트, 그레이(벽), 우드 톤(바닥) 총 세 가지 색을 썼기 때문에 커튼 또한 이 색깔 안에서 채도를 달리한 컬러를 선택했다. 마지막으로 블루 컬러의 쿠션과 러그를 배치해서 안정감 있으면서도 세련미를 주고자 했다.

AFTER

▶▶▶ **벽**

방 두 개와 주방이 있는 의뢰인의 집은 거실이 상대적으로 좁았다. 순둥이네와 비슷하게 벽돌과 나무를 이용해서 장식장을 만들어도 되지만,(104쪽 참고) 여유가 된다면 판매되는 장식장 중 맘에 드는 것을 구입해도 좋다. 거실은 다른 방과 마찬가지로 바닥 상태가 나쁘지 않아 굳이 교체할 필요가 없었다. 하지만 벽이 지저분해서 화이트 페인트로 칠을 했고, 걸레받이를 구입해서 교체했다.

거실은 현관에 들어서면 가장 먼저 시선이 닿는 곳이다. 사람과 마찬가지로 공간 또한 첫인상이 중요하다. 처음 방문하는 집에 들어서서 마주하는 공간은 곧 이 집에 거주하는 사람의 인상과도 같다. 때문에 이 집의 거실은 좁고 인테리어 하기가 애매한 공간이지만 그 어디보다 참신한 아이디어를 떠올리고 실현해야 하는 곳이었다.

벽은 화이트로, 바닥은 우드 톤으로 안정적인 분위기를 이끌어낼 수 있었다. 여기에 방문을 페인팅 해서 자칫 단조롭고 심심해질 수 있는 공간에 포인트를 주기로 했다. 기존 방문을 보니 예전에 흰색 페인트로 칠을 해놓은 적이 있는 듯싶었다.**A** 문에 페인트가 칠해져 있다면 젯소나 사포질 없이 수성페인트 혹은 유성페인트 둘 다 사용해도 상관없다. 보통 내부 수성용 페인트는 전체 페인트 양의 5% 정도 물을 섞지만 기존 방문에 페인팅이 되어 있으면 물을 섞지 않고 페인팅을 하는 것이 훨씬 낫다.**B** 짙은 네이비 컬러를 사용하여 페인팅 한다.**C**

방문과 관련된 인테리어에서 참고할 만한 수리방법이 있다. 살다보면 의도하지 않게 방문을 훼손하게 되는 경우가 있다.**D** 방문에 포스터나 사진을 붙여 가리기도 하지만 궁극적인 수리는 되지 못한다. 간단한 방법으로 매끈하게 문을 복구할 수 있다. 우선 '리페어 퍼티'(벽의 균열이나 깨진 곳에 쓰이는 마감재)와 스펀지를 준비한다.E 스펀지가 없으면 설거지용 세제스펀지를 사용해도 된다.

깨진 부위의 주변을 깨끗하게 정리하고, 빈틈없이 스펀지를 넣은 다음**F** 보수용 퍼티로 메워준다.**G** 철헤라나 고무헤라로 퍼티를 깔끔하게 정리하고 하루 정도 건조한다.**H** 완전하게 건조한 다음 사포로 평평하게 갈아주고, 페인팅을 하면 감쪽같이 보수할 수 있다.**I**

▶▶▶ 조명

길고 좁은 거실의 특성을 고려해서 레일등을 달기로 했다. 2구, 3구의 조명등을 쓴다 해도 좁고 긴 공간을 구석구석 밝게 비추기도 어렵다. 그렇다고 5구 이상의 큰 조명을 달면 공간이 좁고 답답하게 느껴질 수 있다. 길고 좁은 공간에는 아무리 생각해도 레일등이 효율적이다. 가구나 소품을 배치하고 조명이 필요한 곳에 등을 달 수도 있고, 밝기를 조절할 수 있어 안성맞춤이다.**J** 4단 조립형 선반을 거실에 놓기로 했다. 큰방은 응접실 겸 작업실로, 작은방은 침대방으로 용도가 정해지자 의뢰인은 거실을 제3의 방처럼 쓰길 원했다. 집 밖으로 나가기 편하게 화장도 하고, 겉옷이나 가방 등을 바로바로 챙길 수 있는 공간을 생각했다. 넓은 공간을 소유한 여유 있는 싱글족의 호사라고 할까? 4단 조립형 선반을 사용해서 미용도구는 물론, 책과 DVD도 수납할 수 있게 했다.**K** 선반이 싫다면 레일조명 아래 그림을 걸어주고 갤러리와 같은 분위기를 연출하는 것도 좋은 방법이다.

AFTER

지금부터 당신의 일상을 그려놓을 캔버스

'응접실 겸 작업실'에 있는 소파 위의 벽면 공간이 비어 있다. 작업을 하다 보니 자꾸 눈이 갔다. 인테리어작업이 완료되면 나는 이곳에 대형 캔버스를 짠 명화를 걸어주고 싶었다. 의뢰인의 여성스러운 취향을 살려 살롱(salon) 같은 분위기를 연출하고 싶었다. 하지만 생각이 바뀌었다.

의뢰인과 대화를 하다 알게 된 것인데, 그녀는 그림을 그리거나 무언가를 만들 때 자신이 살아 있는 느낌이 든다고 했다. 회사 업무에 전념하다 보면 일에 치이고 야근을 밥 먹듯이 하게 되는데, 그런 생활이 지속되다 보니 언제부터인가 마음의 여유조차 없어졌다고 한다. '살아 있는' 느낌을 받아본 기억이 가물가물하다는 의뢰인을 위해 대형 캔버스를 만들어주기로 했다. 이 캔버스로 자신이 특별해지는 느낌을 되찾아주고 싶었다.

캔버스천(광목천), 타카, 각재, 와이어를 준비한다.**1** 원래 화방에서 캔버스를 짤 때는 각재로 소나무 수종을 쓰는데, 나는 소나무보다 틀어지는 현상이 적고 더욱 견고한 나왕각재를 사용했다.

100×150cm에 맞게 재단해온 각재에 목공본드를 비르고 붙여준다.**2** 다가를 사용하여 나무를 연결해준 다음(틀을 맞추기 위한 임시적인 고정),**3** 각재의 연결 부분을 이중기리로 구멍을 뚫고 나사로 고정한다.**4** 이렇게 하면 기본틀이 완성된다.**5** 더욱 견고하게 하고 싶으면 십자(+) 모양으로 각재를 고정해줘도 좋다.

한 마에 2천 원 하는 광목천을 틀에 맞추어 네 방향으로 잡아당겨 고정하고**6**, 타카로 2중 박음을 해준다.**7** 모서리 부분도 박음을 두 번 해주어 고정한다.**8** 캔버스 위에 젯소를 1~2회 칠 및 건조작업을 하고 마무리한다.**9** 사실 젯소는 유화를 그리는 데 초벌작업하는 용도로 쓰이다가 요새 페인트가 안 발라지는 곳에 사용되고 있다.

이렇게 대형 캔버스가 만들어졌다. 변화된 공간에서 의뢰인이 마음껏 꿈꾸며 창작활동을 하는 모습을 그려본다.

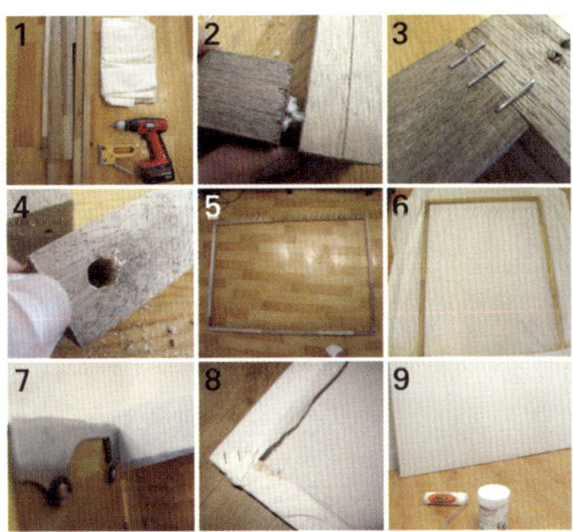

준비물: 캔버스천(1마 2천 원), 타카, 각재, 와이어

#5

사별한 가족의 자취가 남은 자취방의 변신

홀로 남겨진 당신에게도 새봄은 찾아옵니다!

▶▶▶ **편안해야 할 집에 부담스럽고 슬픈 공간이 가득하네요!**

정확히 언제인지 기억하지 못할 정도로 시간이 지났다. 예전 살던 동네에서 5분가량 떨어져 있는 곳에 편의점이 하나 있었다. 고등학생이던 누나와 나는 자주 그곳에 들러 군것질거리를 사먹었다. 여느 때와 다름없이 편의점에 들어서는데, 누나가 소리쳤다.

"어머! 선배님! 오랜만이에요!"
누나는 편의점 계산대에 있는 그녀를 고등학교 선배라며 소개해줬다. 나중에 자세한 이야기를 들려주었는데, 대학생인 그녀는 집안 사정이 좋지 못해 아르바이트를 하며 등록금을 보탠다고 했다. 하지만 비관하기보다 열심히 사는 멋진 선배라고 덧붙였다. 내 눈에도 그녀는 구김살 없이 착해 보였다. 당시 고등학생이었던 나는 담배를 살 수 없었는데, 그녀 덕에 담배를 구할 수 있었다. 그녀는 가끔 혼을 내기도 하면서, 유통기한이 얼마 남지 않아 팔 수 없지만, 먹을 수 있는 것들을 챙겨주기도 했다. 언제부터였을까? 그녀가 보이지 않았다. 담배를 살 수 없는 안타까움도 있었지만, 그녀를 만나지 못하는 것이 더 아쉬웠다.

그날, 나는 친구들과 헤어지고 집으로 들어가는 길에 누나에게서 전화를 받았다. 느낌이 이상했다. 진지한 누나의 말투에 기분이 묘했다.
"너 지금 어디야? 너 그 선배 기억하지? 우리 자주 가는 편의점. 그 선배…… 그 선배, 죽었대……'

이게 무슨 일일까? 나는 그 자리에서 아무 말도 할 수가 없었다. 그때까지 나를 둘러싸고 있는, 내가 알고 있는 모든 사람들의 죽음은 그저 먼 나라 이야기, 아니 상상조차도 해보지 않은 일이라 여기며 살았기 때문이다. 그런 일은 나에게 있어서도, 또 일어나서는 안 된다고 생각하며 살아왔으니까.

알고 보니 그녀는 복통이 심해서 병원을 찾았는데, 이미 배에는 복수가 가득 차 있었고 손을 써볼 도리가 없었다고 한다. 그렇게 꽃 같은 나이에 그녀는 세상과 작별을 하고 말았다. 어느덧 나이를 먹으면서 하루하루 살아간다는 것은 하루하루 생명이 닳으면서 죽어간다는 사실이란 걸 알게 되었다. 간혹 장례식장을 갈 일이 있는데, 나는 여전히 그곳의 무거운 공기가 싫고, 망자의 영정사진 앞에서 눈물밖에 흘릴 수 없는 무기력한 기분이 죽도록 싫다.

"죽음이란 게 그래. 슬프다는 말로는 그 마음을 표현할 수 없어. 그뿐 아니야. 나는 혼자 남았다는 사실을 인정할 수 없었어."
의뢰인은 야학에서 봉사활동을 하다가 만난 누나였다. 나는 신입교사였지만, 누나는 이미 오래전부터 봉사활동을 하고 있었다. 성격이 워낙 시원시원하고 털털해서 만난 지 얼마 되지 않아 친해졌다. 나는 누나가 늘 에너지와 유머감각이 넘치고, 밝은 사람인 줄 알았다.

하지만 누나는 몇 해 전 어머니의 죽음을, 지난해에는 언니의 죽음을 마주해야 했던 아픈 과거가 있었다. 힘든 일을 두 번 겪은 누나는 죽음에 대한 관점이 바뀌게 되었다고 털어놓았다. 죽음은 맞이하는 게 아니라 준비하는 것이라고 했다. 그래서 누나는 일 년에 한 번씩 유서를 쓴다고 했다. 사람일은 모르는 건데 만약 자기도 죽게 된다면 남은 재산을 어떻게 해야 하는지, 자기가 입던 옷, 쓰던 물건들을 어떻게 정리해야 하는지를 유서에 남겨놓는다고 했다. 어머니가 돌아가셨을 때는 정리해야 하는 게 많이 없었고 언니가 곁에 있었지만, 작년에 언니가 또 그렇게 돼

버려 언니가 입던 옷, 물건들을 어떻게 하면 언니가 원하는 대로 해줄 수 있는지 생각하는 것이 너무 힘들다고 털어놨다. 막상 손을 대려고 해도 언니가 쓰던 방에 들어가 유품들을 보기가 고통스러웠다. 그렇게 하루, 한 달이 이어지면서 꼬박 1년이 지났다. 누나는 자신의 방과 주방 그리고 화장실을 오가며 불을 다 꺼두고 살았다. 하지만 더 이상 그렇게만 살 수가 없었다.

"이렇게 사는 게 나 자신한테 어떤 의미가 있을까? 하늘에 계신 엄마와 언니가 지금 날 보면 뭐라고 하셨을까?"

집을 더 이상 상처받고 은둔하듯 사는 곳이 아니라 혼자 남았지만 새롭게 마음을 다지고, 편안하게 쉴 수 있는 공간으로 만들어야겠다고 결심했다. 누나는 집 분위기를 바꿔보려고 건축사무소를 찾았다. 하지만 자신의 의도는 전혀 고려하지 않은 채 소위 말하는 '견적'을 뽑아주는 행태에 실망하지 않을 수 없었다.

"내 집인데 내가 처한 상황과 내 취향을 고려하기보단, 돈이 얼마가 들어가는지에 대해서만 이야기하더라. 주위 사람들 중에는 왜 몇 천이나 들여서 인테리어를 바꾸냐며, 차라리 그 돈 보태서 이사 가라고도 하고. 근데 이 집은 그럴 수가 없어. 언니와 내가 열심히 모은 돈으로 산 첫 집이거든."

누나는 다른 이늘이 자기에게 돈으로 환산할 수 없는 가치가 있는 집을 이윤만으로 바라보니 가슴이 아팠다. 자신의 아픔을 보여주면서 남에게 부탁하기가 결코 쉬운 일이 아니란 것을 잘 안다. 내가 오지랖프로젝트를 꾸준히 하는 까닭도 누나 같은 사람들에게 도움을 주기 위해서다.

봄이 오기 직전인 2월, 오지랖프로젝트 50번째 집이 될 상도동 누나네 프로젝트.

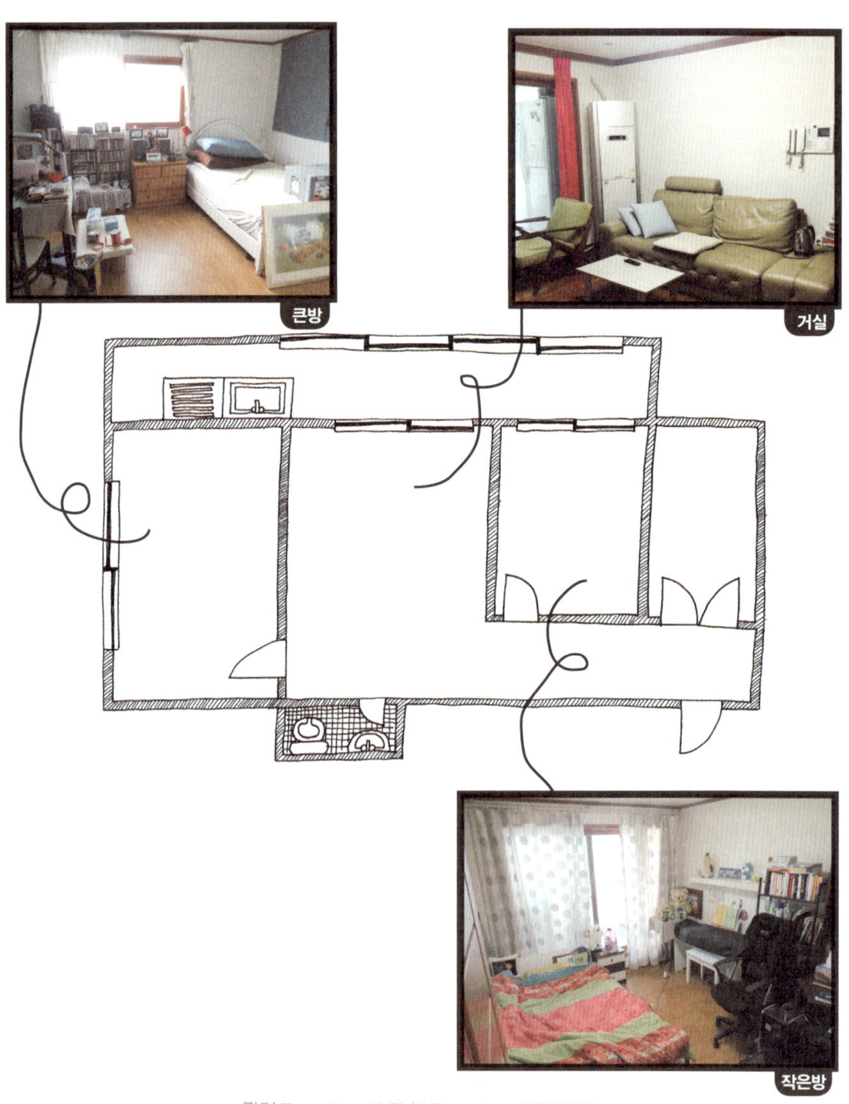

평면도　|　18평/3룸　|　BEFORE

방 세 개에 거실까지 있는 18평의 집. 방이 세 개나 되는 덕에 어떻게 컨셉을 잡든 공간을 충분히 활용할 수 있다. 인테리어 계획을 잡기 전에 무엇보다 시급한 것은 짐 정리. 집 안에 있는 가구를 확인해보니 두 방에 각각 침대와 옷장, 책상이 있다. 짐의 양 또한 상당하다. 현재는 사용을 하지 않는 것이 대부분이다. 누나는 고심 끝에 쓰지 않는 가구를 정리하기로 했다. 마침 이 당시 나는 무악재 순둥이네 (76~107쪽 참고) 오지랖프로젝트도 병행하고 있었는데, 누나는 옷장 두 개와 침대를 기증했다. 나머지 짐들은 중고물품을 전문적으로 매입하는 업체에 연락해서 정리했다.

이 집은 현관에서 거실까지 바닥에 강화마루가 깔려 있다. 벽 또한 무늬가 거의 없는 화이트 실크벽지로 통일되어 있다. 벽지의 재질이나 상태를 보아하니 굳이 교체할 필요가 없다. 체리색 방문 또한 고급스러운 모노륨 바닥재와 시각적으로 어울려 페인트를 칠하거나 시트지를 붙여주지 않아도 될 듯하다. 다만 벽과 천장을 연결히 는 몰딩이 체리색인네, 하얀색 페인트를 칠해 시각적으로 넓고 높아 보이는 효과를 주고 싶다. 전체적으로 파격을 주기보다 집 안의 기존 컬러를 유지하되, 공간의 컨셉을 잡아 모든 방을 활용할 수 있는 것에 주안점을 두었다. 누나의 새로운 출발은 어머니와 언니의 흔적을 한꺼번에 확 없애는 것이 아니라 가족의 부재를 받아들이면서 슬픔을 이겨내고 새로운 삶을 살아가려는 것인 만큼 점진적인 변화에 초점을 맞췄다.

현재 누나가 사용하고 있는 방은 침대와 컴퓨터, 책상이 같이 있다. 사실 이 방에만 있어도 생활하는 데 어려움이 없다. 하지만 집 안을 새롭게 바꾸고, 모든 공간을 활용하기로 한 만큼 이곳은 침대방으로 컨셉을 잡고, 컴퓨터와 책상을 방 밖으로 내보냈다. 이 방은 침대와 화장대만 배치하고, 바닥재와 벽지를 교체하지 않는 만큼(물론 바닥에는 걸레받이를 달아줄 생각이다) 조명에 신경을 쓸 생각이다. 침대 머리부분의 곡선 모양, 바닥과 벽의 컬러를 감안해서 조명등은 모양과 색깔을 모두 유심히 고려해야 할 것 같다.

언니가 쓰던 방은 정남향의 햇살 좋은 공간으로 이 집에서 가장 밝다. 이 방에는 책과 DVD, CD가 상당히 많다. 생전에 언니는 책이며 영화, 음악 등에 관심이 많았다고 한다. CD와 DVD는 크기가 바닥에 두는 것보다 선반을 설치해서 정리하는 것이 실용적이고, 보기에도 좋다. 벽에 세련된 선반을 만들어놓을 작정이다.

누나는 디지털마케팅 분야에 종사하며 현재 꽤나 높은 직책에 있다. 직업의 영향 때문인지, 아니면 쓸쓸하기 때문인지 누나는 TV를 즐겨 보지 않고 식사도 집에서 잘하지 않지만, 무엇인가를 마시거나 먹을 때는 꼭 영상을 본다고 했다. 나는 이곳을 서재 겸 멀티미디어실로 만들어 평소 읽고 싶은 책이나 듣고 싶었던 음악, 보고 싶은 영화를 보면서 언니의 숨결을 느낄 수 있게 할 참이다. 쉬면서도 치유할 수 있는 공간으로 잡아보았다. 기존에 침대가 있던 공간에 2인용 푹신한 소파를 놓아 한결 편안한 자리를 만들어주고 싶다. 옷장을 걷어낸 벽에는 빔프로젝터를 활용할 수 있게 공간을 만들어줄 생각이다. 메인 컬러는 바닥재를 고려해서 블랙으로 선택했고, 다른 공간과 마찬가지로 몰딩과 걸레받이를 화이트로 통일해 단정한 느낌을 주고 싶다.

거실은 거의 활용하지 않는 상태였다. 티브이와 소파가 있었지만, 주방으로 가기 위한 큰 복도에 지나지 않았다. 거의 죽은 공간이나 다름없었다. 다른 방을 널찍

하고 여유 있게 사용하는 만큼, 또한 혼자 넓은 공간을 쓸 수 있는 만큼 아예 거실을 또 하나의 방처럼 만들면 어떨까 생각이 든다. 티브이를 서재 겸 멀티미디어실로 옮기고 그 공간에 수납장을 놓고, 늘 음악을 틀어놓고 생활하는 누나의 취향을 살려 오디오를 배치할 생각이다.

침대방

작은방(침대방)

준비물	비용	판매처 or 상품명
벽 그림: 뮤럴 벽지(170×120cm)	40,000원대	SM그래픽
암막 커튼(230×520cm): 3중풀달 아일렛커튼	100,000원대	파라다이스 홈
침대 협탁	40,000원대	올리비아 협탁(레오가구)
침대 협탁 등	14,000원대	이케아
침구세트	50,000원대	이케아
펜던트 2등	60,000원대	비비나라이팅

큰방(서재 겸 멀티미디어실)

준비물	비용	판매처 or 상품명
하운드 체크 소파	320,000원대	메인퍼니처
하이그로시 화이트 테이블	100,000원대	리치웰
블랙테이블	39,000원	이케아
3단 조명	20,000원대	하이텍
블라인드	40,000원대	이케아
책상 1단 조명	40,000원대	DID벽지
블랙 레일 2.5m	12,500원	베스트조명(11번가)
전원마감잭	1,500원	베스트조명(11번가)
블랙 아트콘 등기구 3개	20,800원	베스트조명(11번가)
CD·DVD 수납장 6개	96,000원(개당 16,000원)	마켓비

거실

준비물	비용	판매처 or 상품명
화이트 시폰 커튼	100,000원대	포트리
거실장	200,000원대	위즈바움(아몬드 거실장)
러그(140×200cm)	40,000원대	바이빔(에스닉 면러그)
205 목공용본드, 도배풀, 도배붓	5,000원	철물점·지물포
마스킹테이프, 페인트트레이, 페인트롤러	각 1,500~2,000원	철물점
커터칼, 신문지, 코팅면장갑, 드라이버		

공통

준비물	비용	판매처 or 상품명
걸레받이 목재 2.4m(20개)	80,000원(개당 4,000원)	대영우드
흰색페인트 1QT(2개) 에베레스트 반광	70,000원	던애드워드
홈스타 젯소 1L	11,500원	삼화페인트
파텍스 PL-50(접착제)	3,000원대	지물포
실리콘, 글루건	각 2,000~4,000원대	철물점·오픈마켓
마스킹테이프, 커버링테이프, 페인트 트레이, 페인트롤러	각 1,500~2,000원	철물점
무지 실크벽지1롤	30,000원	지물포
커터칼, 신문지, 코팅면장갑, 드라이버		

1. 공간 컨셉 정하기가 인테리어의 성패를 좌우한다!

어느 공간을 어떻게 사용할지 용도를 정하고, 메인 컬러를 잡고, 적절한 소품을 사용하면 큰 비용이나 공사 없이도 분위기 있는 공간을 만들 수 있다. 이번 의뢰인에게 보이듯 방치해두었던 공간이 가장 많은 시간을 보내는 공간으로 바뀔 수 있다.

2. 침대방은 안정감 있는 컬러의 조화를 생각하라!

침대방은 무채색 이외의 컬러를 쓰면 채도에 따라 방이 좁아 보일 수 있다. 안정감 있는 분위기를 원한다면 침대커버와 커튼의 색을 맞추고, 베개와 쿠션에 포인트를 주면 좋다.

Self
Interior
Start!

▶▶▶ 벽

바닥재와 벽을 크게 손볼 필요가 없기 때문에 몰딩과 걸레받이를 화이트 컬러로 바꿔 시각적으로 트인 효과를 줄 생각이다. 먼저 벽과 천장을 연결하는 몰딩에는 마스킹테이프를,**A** 바닥에는 페인트가 떨어질 수 있으니 커버링테이프를 붙여준다.**B**

보통 젯소는 1회 정도만 바른 다음 페인트를 칠한다. 헌데 이 집의 몰딩은 체리색이 짙어서 흰색 페인트를 칠한다고 해도 체리색이 배어 나올 수 있기 때문에 젯소를 2회 칠한 다음 페인팅을 했다.**C** 몰딩 표면이 매끈하면 바로 페인팅을 할 수 없지만, 만약 몰딩이 각재(얇은 나무)로 이루어져 있으면 젯소를 바를 필요 없이 바로 페인트를 칠해도 상관없다.

기존 걸레받이는 장판을 조금 더 길게 잘라 벽 쪽에 붙이는 간단한 방법으로 시공되어 있다. 이번에도 2.4m당 4,000원 하는 걸레받이를 사용해서 교체할 참이다. 우선 커터칼로 기존 걸레받이를 잘라낸다.**D** 인터넷에서 검색해보면 MDF 몰딩에 화이트 시트지가 입혀 있는 기성품을 찾을 수 있다. 하지만 같은 화이트라도 명도와 농도가 확연히 다르다. 벽과 컬러를 맞추기 위해서는 몰딩에 썼던 페인트를 걸레받이에 젯소 작업 없이 2회 발라준다.**E** 걸레받이를 벽에 부착할 때는 실리콘과 글루건을 사용한다. 실리콘이 완전하게 건조되기까지 반나절 이상이 걸린다. 때문에 실리콘만 사용하게 되면 걸레받이가 벽에 잘 고정되지 않을 수 있다. 그럴 경우를 대비해서 글루건을 써주는 것이다. 하지만 벽에 굴곡이 있거나 걸레받이 목재 자체가 휘어 있으면 글루건으로도 부착되지 않을 수 있다. 이런 경우의 수까지 대비해서 소개할 만한 접착제가 있다. 파텍스에서 나온 PL-50이다.**F** 이 접착제는 실리콘보다 빨리 굳지만, 글루건보다 접착력이 훨씬 좋다. 걸레받이 교체 작업을 할 때나 이 태원의 투룸(108쪽 참고)처럼 웨인스코팅을 연출할 때 사용하면 순조롭게 작업할 수 있다. 나는 글루건 없이 실리콘과 PL-50을 사용하여 걸레받이를 붙여주었다.**G** 벽지와 장판을 교체할 수 없으면 몰딩과 걸레받이만 바꿔줘도 집 분위기가 달라진다.**H**

▶▶▶ 조명

벽은 화이트 톤, 바닥은 우드 톤으로 되어 있기에 조명 또한 이질감 없이 녹아들 수 있는 모양과 불빛을 생각해야 한다. '화이트&우드' 톤이라면 보통 패브릭이 조화로울 수 있다. 만약 침구와 커튼을 화이트 계열로 맞추었다면 조명등의 색깔은 화이트보다 블랙이 잘 어울린다. 조명등을 고를 때는 불빛도 중요하지만, 디자인도 잘 살펴야 한다. 사소한 것 같지만 각 인테리어 요소들의 디자인이 공간의 이미지를 창출한다. 침대 머리맡을 보아하니 곡선으로 처리되어 있다. 조명등 역시 곡선 모양을 선택했다.

보통 침대방 조명등은 2~3구가 적절하다. 거실 같은 공간은 5~6구가 있는 조명등을 사용해야 어둡지 않지만, 잠을 자는 것이 주목적인 침대방은 그 정도로 밝을 필요가 없다. 하지만 1구 조명등은 보통 책상이나 포인트 등으로 사용하기 좋으나 메인 등으로 사용하기에 너무 어둡다.

침대방의 커튼을 고를 때는 방의 크기, 채광을 고려해야 한다. 무채색 이외의 컬러를 쓸 때 채도에 따라 방이 좁아 보일 수도, 넓어 보일 수도 있기 때문이다. 커튼은 많은 컬러 혹은 화려한 컬러를 사용하기보다 화이트, 그레이 톤의 무채색을 쓰는 것이 가장 무난하다. 좀 더 안정감 있는 분위기를 원한다면 침대커버와 커튼의 컬러를 동일하게 선택하고, 베개 혹은 쿠션, 작은 소품들로 꾸며주면 단정한 느낌을 살릴 수 있다.

AFTER

▶▶▶ **조명&천장**

다른 방과 마찬가지로 거실의 바닥과 벽지는 훼손도, 오염도 거의 없이 깨끗했다. 한편으론 부엌으로 갈 때만 지나치는 이 공간이 죽은 공간이나 다름없다는 것을 증명하는 것 같아 안타까웠다.

천장을 보아하니 벽과 천장을 연결하는 몰딩, 천장에 있는 조명등 박스가 체리색이다. 뿐만 아니라 샷시, 방문 그리고 바닥까지 체리색으로 온통 뒤덮여 있다. 게다가 서향이라 채광 또한 좋지 않다. 그렇다 보니 천장이 낮아 보이고, 공간이 작고 답답해 보인다. 몰딩과 조명등 박스를 화이트 톤으로 바꿔주고, 조명도 교체하기로 했다. 마스킹테이프로 페인팅 할 부분을 붙여주고,**A** 커버링테이프를 바닥에 부착한다. 만약 커버링테이프가 없으면 신문지나 비닐을 깔아줘도 된다.

MDF 필름지가 씌워 있는 몰딩은 표면이 매끄럽기 때문에 페인트가 잘 발리지 않고 미끄러진다. 때문에 젯소를 칠해줘야 한다. 젯소를 1회 칠했는데도, 여전히 몰딩색이 보인다면 2~3회 칠해준다.**B** 내부 수성용 페인트는 물을 섞지만, 천장에 바를 때는 물을 5%보다 더 적게 섞어 페인트가 바닥에 떨어지지 않게 한다.**C**

이 집을 더욱 오래된 집으로 보이게 하는 주범은 조명이다. 형광등을 사용하기 때문에 전기도 많이 잡아먹을 뿐더러 밝기도 시원치 않다. 때문에 LED 등으로 교체하기로 했다.**D** 하지만 바닥이 체리색이어서 조명까지 어두운 컬러를 사용하면 교체해도 큰 변화를 기대하기가 어렵다. 또한 조명등의 넓이가 제한되어 있다 보니 조명등은 박스보다 작아야 했고, 색깔 또한 튀지 않는 것을 선택해야 했다. 궁리 끝에 선택한 것은 자작나무로 만든 LED 등이다.**E** 기존 조명등은 삼파장 전구 30W 8개를 사용하여 총 240W 정도의 전기를 쓰는 데 반해 이 자작나무 등은 50W를 소요하여 고정 전기세도 줄일 수 있고, LED이기 때문에 훨씬 밝다.

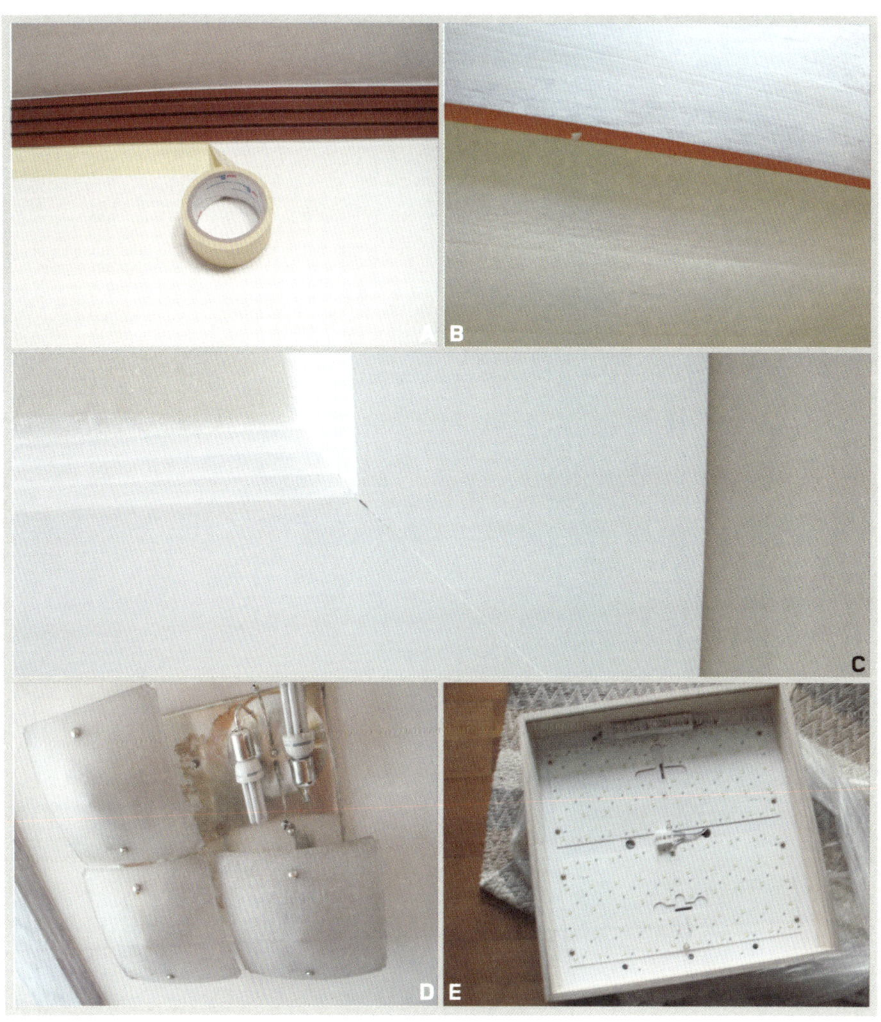

누전차단기(일명 '두꺼비집')의 전원을 내리고 기존 등을 제거하고 보니 벽지가 심하게 훼손되어 있었다.F 이럴 경우 부분 도배를 해줘야 한다. 기존 벽지를 제거한다.G 물과 가루풀을 섞어 도배풀을 만든 다음H 도배지에 발라 천장에 붙여준다. 천장 도배를 할 때 가루풀로도 잘 붙지 않는 경우가 있다. 이럴 때는 205 목공용 본드I를 도배할 천장 군데군데에 발라준다.J 본드는 도배용 풀을 사용하여 덩어리지지 않을 정도로 얇게 발라줘야 한다. 도배지에는 본드를 바르지 않는다. 본드의 강력한 접착력 때문에 찢어질 수 있기 때문이다.

하루 정도 완벽하게 건조하고 나서 조명등을 달아준다. 이제 새로 설치할 조명등K에 전선을 연결해주는 일만 남았다. 두 개의 선과 새로 설치할 조명등의 선을 전선커넥터에 꽂아준다.L 전선커넥터가 없으면 검은색 절연 테이프로 연결해줘도 무관하다.

시폰 재질의 화이트 커튼을 달아주어 은은한 분위기를 연출했고, 넓은 수납장을 사용하여 오디오를 올려두었다. 오른쪽 수납장 위에는 언니와 어머니의 사진을 꽃과 함께 놓아두었다.

F
G
OKONG
오공본드
205
2014.12.16
H
J
K
L

AFTER

▶▶▶ 벽

침대방으로 만든 작은방과 마찬가지로 몰딩**A**과 걸레받이**B**를 화이트로 통일하여 단정한 느낌을 주었다. 원래는 왼쪽 책장을 걷어내고 찬넬을 사용하여 빽빽한 책장으로 가득한 벽면에 여백을 주면서 찬넬이 포인트가 되게 하려고 했다. 하지만 기존 책장의 재질이 워낙 좋고 튼튼해서 버리기에 아까웠다. 해서 기존에 있는 책장들 중 크기와 컬러가 비슷한 것끼리 배치하여 높이를 맞추고, 책 역시 판형과 표지 색깔별로 묶어서 정리했다. 이러한 정리만으로도 분위기가 달라진다.**C**

CD와 DVD는 그 양이 상당했다. CD와 DVD는 바닥에 두는 것보다 선반을 설치하여 정리를 해주는 것이 보기에도 좋고, 훨씬 실용적이다. CD, DVD 수납장을 구입해서 한쪽 벽면에 달기로 했다. 콘크리트 벽인 줄 알고 두드려 보니 안이 텅텅 빈 소리가 났다.**D** 벽을 뚫어 선반이나 찬넬을 설치하기 전에는 반드시 벽의 재질을 확인해야 한다. 손으로 두드렸을 때 소리가 거의 나지 않고, 둔탁한 느낌이 들면 그 벽은 콘크리트 재질로 되어 있는 것이다. 하지만 합판(석고보드)으로 마감되어 있으면 안이 비어 있는 소리가 난다. 콘크리트 재질의 벽은 전동드릴로 구멍을 내고 앵커를 달고 선반이나 찬넬을 달면 되지만, 합판(석고보드) 재질의 벽은 절대로 그렇게 작업해서는 안 된다.

합판(석고보드) 재질의 벽에 찬넬이나 선반을 달려면 석고보드용 앵커를 사용한다. 석고보드용 앵커는 회오리 모양의 큰 나사와 일반적인 모양의 작은 나사로 구성되어 있다.**E** 전동드릴 없이도 원하는 곳에 회오리 모양의 나사를 드라이버로 돌려서 단단히 고정하고**F** 작은 나사로 선반을 고정하면 된다.**G**

B
C
D E
F G

▶▶▶ **조명**

앞서 이야기했다시피 이곳은 서재 겸 멀티미디어실로 설정했다. 낮에는 햇살이 눈부실 만큼 잘 들어와 채광이 좋지만, 빔프로젝터를 사용할 때는 햇살이 잘 들어오는 것은 결코 좋은 현상이 아니다. 너무 밝기보다 적당히 어두워야 한다. T자형 레일 부속품을**H** 사용하여 책장 쪽에만 조명등 3개를 달아놓았다.**I** 불을 켜놓고도 빔프로젝트를 사용할 수 있을 만큼의 조명도를 유지하게끔 했다.

또한 기존의 커튼을 떼어내고 여러 단계로 빛 조절이 가능한 블라인드를 달았다.**J** 아무래도 창문이 정남향이기 때문에 밤이 아닌 때에 컴퓨터나 빔프로젝터를 사용할 때는 빛을 조절할 수 있어야 한다. 블랙의 블라인드는 자칫 답답하고 칙칙한 느낌을 줄 수 있다. 하지만 이 공간은 책장과 바닥이 우드 톤을 띠고 있어 묵직한 느낌을 주고 있다. 여기에 블랙을 사용하면 한층 묵직하고 고급스러운 분위기를 연출할 수 있다.

어느 공간을 어떻게 사용할지 용도를 정하고, 메인 컬러를 잡고, 적절한 소품을 사용하면 큰 비용이나 공사 없이도 분위기 있는 공간을 만들 수 있다. 예전에는 정리는 고사하고 들어가기조차 힘들었던 공간이 지금은 누나가 집에서 가장 많은 시간을 보내는 곳으로 바뀌었다고 한다.

H
I
J

AFTER

화장실은 어떻게
셀프 인테리어를 할까?

인테리어 소품은 무엇이 좋을까 생각하는데, 의뢰인이 무엇보다 꼭 바꾸고 싶은 공간이 있다고 한다. 다름 아닌 화장실. 의뢰인뿐 아니라 싱글족, 자취족의 인테리어에서 가장 큰 숙제를 안겨주는 공간이 화장실이기도 하다. 해서 이 기회에 화장실의 인테리어 작업에 대해 이야기를 해볼까 한다.

이 집의 화장실은 굉장히 좁고 어두웠다. 의뢰인은 데코타일을 붙이는 수준의 작업이 아닌, 화장실을 싹 바꾸는 리모델링을 바랐다. 물론 자신의 소유이기에 가능했다. 전월세 세입자들에게 화장실 공사는 언감생심이다.
현재 시중에 판매되는 페인트로 욕실을 페인팅해도 상관없지만, 기술이 아무리 좋아졌다고 해도 페인트는 페인트. 결국엔 벗겨지기 마련이다. 때문에 화장실만큼은 현실과 타협하는 것이 좋다.

페인트를 바르고 몇 개월 정도 깨끗한 상태는 유지되지만, 습기가 지속적으로 차오르는 곳은 결국 페인트가 벗겨질 수 있다. 전월세 세입자는 계약이 완료되면 원상복구의 의무가 있는데, 벗겨진 페인트를 벗겨내든지 집주인이 청구하는 수리비를 감당해야 한다. 때문에 페인팅을 추천하고 싶지 않다.

화장실을 인테리어 하다 보면 변기나 세면기, 타일까지 교체하려는 이들도 심심찮게 보이는데, 나는 절대 추천하고 싶지 않다. 변기나 세면기는 수전(水栓)과 직결되기 때문에 나사 하나만 더 조였을 뿐인데도 물이 샐 수 있다. 물이 벽에 스며들어 환기가 안 되는 곳에서는 곰팡이가 번질 수 있고, 2층 이상의 집이라면 아래층 집에 피해를 줄 수 있다.

전문업체에 화장실 보수를 맡기면 기존 타일을 제거하고 방수공사를 한 다음 타일을 붙인다. 물론 덧방작업을 맡기더라도 필요할 경우 방수공사를 진행한다. 초보자가 화장실 인테리어 작업을 하려면 많은 정보가 필요할 뿐 아니라 엄청나게 손이 많이 간다. 때문에 화장실만큼은 가급적 업체에 맡기는 편이 좋다.

의뢰인과 상의해서 화장실의 전체적인 작업은 전문업체에 맡겼다. 다만 전체적인 컨셉은 미리 잡아놓고, 자재는 업체와의 미팅 때 결정했다. 바닥은 그레이 톤으로, 벽은 벽돌무늬 무광타일을 사용하여 깔끔하고 모던한 건식 화장실의 느낌을 주었다. 그리고 나무틀로 된 거울, 선반 또한 우드 톤으로 맞춰 단정하면서도 따뜻한 분위기를 연출했다.

#6

▶▶▶ 무의미해서 불안한 일상, 파격적이고 신선한 작업실을 만들다

스무 살, ××대학 디자인학부에 재학 중이던 나는 1학년 1학기를 마치고 큰 결심을 했다. 손에는 자퇴서가 들려 있었다. 내가 꼭 해보고 싶었고 잘할 수 있을 거라 생가해서 입학을 했는데, 고작 몇 달만에 그만둔 것이다. 집으로 내려왔던 그날. 홀가분하면서도 한편으로는 씁쓸함이 밀려왔다. 바로 부모님 때문이었다.

부모님은 한동안 나한테 말을 하지 않으셨다. 훗날 부모님께서 당시 심경을 말씀해 주셨는데, 당신들의 아들이 고졸로 돌아간다는 생각에 걱정이 컸다고 한다. 자식을 대학 졸업시키는 것이 부모의 도리라고 생각하고 있었는데, 그 마음을 조금이라도 헤아리지 못하는 아들에게 크나큰 배신감이 들었다고 하셨다. 두 분 모두 사회의 엄격한 잣대를 알기에, 또한 겪어오셨기에 걱정이 클 수밖에 없었을 것이다.

"그래서 이제 앞으로 뭐할 건데?"
어느 날 부모님이 나에게 물어보셨다.
나는 내 계획을 말씀드렸다. 아르바이트를 하고, 지금을 민들어 혼사반의 배낭여행을 다녀오고 싶다고 했다. 낯선 곳이었으면 좋겠고, 혼자 힘으로 스스로 견뎌내는 힘을 기르고 싶다고 했고, 지금 말하기는 부끄럽지만 나를 돌아보는 시간을 갖고 싶다고 말했다. 스무 살, 막 성인이 된 나이. 나는 그때 이제 앞으로 어떻게 살아야 할지, 내가 무엇을 좋이하는지, 내가 어떤 실 잘할 수 있는지 나 자신을 생각할 수 있는 온전한 시간이 필요했던 것 같다. 그리 오래 산 나이는 아니지만, 그간의 내 인생을 돌아보고 정리해보고 싶었다.

대학을 그만두자마자 아르바이트를 시작했다. 백화점에서 옷도 팔아보고, 커피숍에서 아르바이트를 하며 여행자금을 만들었다. 스무 살 겨울, 그렇게 원하던 태국, 베트남, 캄보디아, 라오스, 미얀마까지 5개국을 50일 동안 여행했다. 음식을 잘못 먹어 식중독에 걸리기도 했고, 오토바이 사고로 죽을 뻔하기도 했지만, 오로지 나만을 위한 시간을 만끽하며 감동하기도 하고, 매일매일 설레어 잠을 설치기도 했다. 어쩌면 내 인생을 바꾼 최고의 선택이 바로 이때 같다.

이 책을 쓰고 있는 나는 대학생이다. 그동안 신기한 일이 벌어졌다. TV, 라디오, 신문, 잡지에서 나에게 인터뷰 요청이 들어오고, 대학생들이 입사를 희망하는 큰 기업체에서 프로젝트를 해보자며 연락을 해온다. 돌이켜보면 방황을 거듭했던 6년의 시간이 나에게는 큰 힘이 된 것 같다. 스스로 나를 더욱 잘 파악하게 되었고, 단련할 수 있었다.

"제이쓴, 방황이라는 어감이 좋은 느낌을 주는 건 아니지만, 때론 방황도 필요한 거겠죠?"

의뢰인은 잠시 숨을 고르더니 말을 이어갔다.
"이런 말 하기 창피하지만, 이 나이 먹고도 여전히 방황하고 있는 것 같아요."
의뢰인은 3D애니메이션을 그리는 일을 직업으로 삼고 있다며 자신을 소개했다.
매달 나오는 월급에 취해 진짜로 하고 싶은 일을 하지 않는 것. 자신이 돈 버는 일에 매몰되어 있다는 걸 깨달았을 때 스스로에게 미안했다고 했다. 어렸을 때 뻔한 어른이 되지 말자고 다짐했던 그는 안정적인 하루하루를 보내고 있다는 사실을 깨달은 순간, 마음속이 공허해지고 무기력해졌다고 했다.

이번에는 현실과 절대 타협하지 않겠다며 사직서를 제출했고 곧장 제주도로 떠났다. 제주도에 가서 운 좋게 게스트하우스에서 일을 해주는 대신 숙식을 해결했다. 틈틈이 여행을 하기도 했다. 하루 종일 빈둥거리고, 좋아하는 그림도 그리면서 많은 사람들을 만났다. 하지만 얼마나 지났을까? 의뢰인은 불안해지기 시작했다. 자신만 빼고 다들 바쁘게 살아가는 것 같았다. 게스트하우스에서 만난 사람들 대부분이 자기의 자리로 돌아가야 한다며 인사를 건네고 떠나는 모습을 보는 것이 싫었다. 어느 순간 설렘이 아닌 불안감을 느끼며 하루하루를 보냈다.

"제이쓴은 직장인들이 왜 직장을 벗어나고 싶다고 입버릇처럼 말하면서 벗어나지 못하는 줄 알아요? 내가 어디에 소속되어 있다는 그 안정감 때문에 벗어나지 못하는 거예요."
익숙해짐 그리고 거기에서 오는 안정감. 그게 싫지만 되레 그것 때문에 자신의 발목이 붙잡힌다며 씁쓸한 표정을 보였다. 의뢰인은 약 한 달 만에 제주도에서 끝이 없을 것 같았던 여행을 접고 다시 서울로 올라왔다. 하지만 다시 돌아갈 곳이 없는 상태, 꿈을 쫓아 내려간 제주도는 한여름밤의 달콤한 꿈과 같았다. 다시 서울로 돌아오고 나서 정리도 되지 않고, 어지럽혀진 자신의 집을 보니 마치 자신의 심란한 머릿속이 펼쳐진 것 같다고 했다.

의뢰인은 자신의 공간을 바꾸는 것으로 변화를 시작하고 싶다며 나를 찾아왔다. 그동안의 방황의 끝을 집을 바꾸는 것으로 마침표를 찍고 싶다고 했다. 더 즐겁고 새로운 인생을 살고 싶다며, 남들과 같은 인생, 비슷한 인테리어가 아닌 자신이 좋아하는 컬러들로, 느낌으로 바꾸고 싶다고 했다.

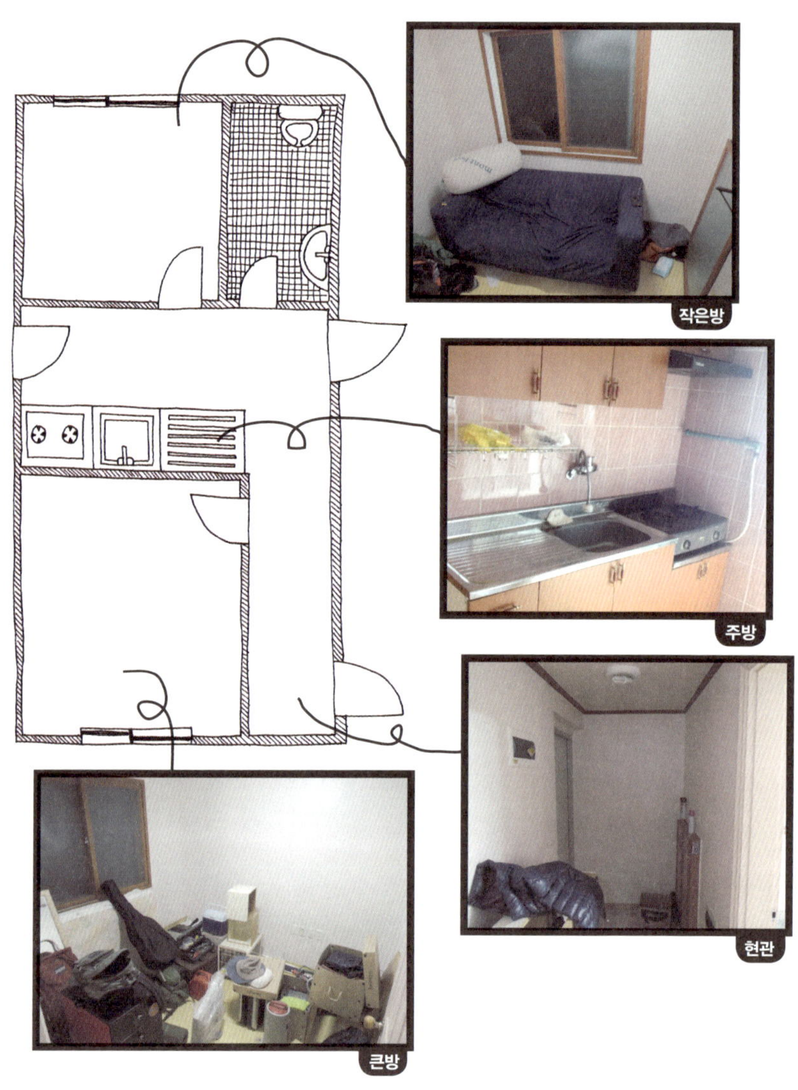

평면도　|　12평/2룸　|　BEFORE

▶▶▶ **파격적인 공간을 만들어 새로운 출발을 모색하다**

12평 되는 투룸. 남향이지만 집 앞에 건물들이 빼곡히 자리 잡고 있어 하루 종일 조명등을 켜놓아야 할 정도로 채광이 좋지 않다. 의뢰인은 자전거와 캠핑을 즐기는 활동적인 남성. 침낭, 자전거 등 가지고 있는 소품도 빈티지한 느낌을 주면서도 독특하다. 또한 아기자기하고 특이한 소품이 많은데, 직업이 3D 애니메이터이기 때문인지 소품을 보면서도 컬러 감각이 뛰어나다는 걸 알 수 있다. 자신에 대한 고민이 많은 만큼 소품 하나에도 자신의 개성을 담으려고 하는 성향이 느껴진다.

채광이 좋지 않은 집은 메인 컬러를 선택하는 데 제약이 많다. 대개 화이트 컬러를 선택하기 마련이다. 하지만 이번 집은 의뢰인의 개성에 좀 더 초점을 둘 생각이다. 무엇보다 오랫동안 방황해온 의뢰인이 마음을 다잡고, 새로운 일상에 도전하기 위해서는 공간에 파격을 주는 것이 효과적일 수 있으리라 생각이 든다.

우선 거실에 독특한 개성을 부여할 참이다. '빈티지 스타코'라는 노출콘크리트 벽을 만드는 마감재를 사용해서 여느 집의 거실과 다른 느낌을 줄 것이다. 이 재료는 보통 상업적인 공간(카페 혹은 작업실 등)에서 많이 쓰이는데, 최근 친환경 제품이 출시되어 가정집에서도 사용할 만하다. 제각각 빈티지한 느낌을 주는 의뢰인의 소품들도 노출콘크리트와 개성을 유지하면서 잘 어울릴 것이다.

넓지 않은 주방에 떡하니 자리 잡은 상부장이 답답하기만 하다. 마침 의뢰인의 주방

용 물품 또한 많지 않다. 상부장을 제거하고 선반을 달아 오픈형 주방으로 바꾸고, 이곳에 조명을 달 생각이다. 거실과 주방이 등 하나에 의지해서 전체적으로 어두운데, 레일등을 활용해서 좋지 않은 채광을 보완할 작정이다.

침대방은 파격을 주기보다 의뢰인이 쉬는 공간인 만큼 아늑함을 느낄 수 있게 꾸밀 예정이다. 핸디코트 라이트를 발라 벽의 질감을 살리고, 의뢰인의 소품을 올려놓을 찬넬 선반을 달 생각이다. 다만 선반을 달 벽은 거실과 마찬가지로 노출콘크리트 효과를 주어 침대방에 나름 특색을 주고 싶다. 바닥은 벽과 채도가 비슷한 컬러를 사용하는 것이 좋다. 데코타일(오크 색)을 깔 계획이다. 그렇게 되면 이 공간은 그레이, 화이트, 오크 톤으로 꾸며진다.

싱크대 건너편에 작은 방은 1.5평이 될까 싶을 정도로 좁다. 비좁은 공간과 어울리지 않게 소파가 놓여 있고, 옷가지들이 두서없이 널브러져 있다. 그러고 보니 여기뿐 아니라 전체적으로 집 안이 어수선하고, 가구나 소품이 제대로 진열되어 있지 않다. 갈피를 잡지 못한 의뢰인의 생활이 집이라는 공간에 고스란히 드러나 보이는 듯하다. 이곳을 작업공간으로 꾸미기로 했다. 침대방과 비슷한 톤으로 꾸며 통일감을 맞춰줄 참이다.

여느 집과 달리 인테리어의 'BEFORE'와 'AFTER'가 극명하게 대비될 것 같은 예감이 든다. 이렇게 확연하게 달라지는 작업, 특히 상부장을 제거하는 일은 집주인의 동의를 받아야 한다. 그런데 처음부터 의뢰인은 그런 일은 걱정할 것이 없다고 한다. 알고 보니 집주인이 전세금을 갖고 해외로 도망을 갔다는 것이다.

1. 내 일상을 바꾸고 싶다면 공간에 파격을 주는 것도 좋은 방법!

사람은 웬만해서는 바뀌지 않는다. 가장 중요한 것은 마음가짐을 확실히 하는 것이지만, 익숙한 환경을 바꿔보는 것도 좋은 방법이다. 요즘 각광받고 있는 노출콘크리트를 추천해봄직하다.(하지만 작업이 만만치 않다는 것에 주의!)

2. 상부장만 제거해도 '오픈형 키친'이 가능하다!

그릇, 접시, 냄비 등 주방용 짐이 많지 않다면 상부장을 과감하게 걷어내라. 선반과 밝은 조명을 달아주는 것만으로도 주방의 분위기가 바뀐다. 평범하기만 한 싱크대 주변이 '오픈형 키친'으로 탈바꿈한다.

큰방(침대방)

준비물	비용	판매처 or 상품명
은색 철제 TV장	50,000원대	마켓비
빈티지 조명등(1구)	20,000원대	페인트 인포

주방&거실

준비물	비용	판매처 or 상품명
블랙 레일 1.5m	7,500원	베스트조명(11번가)
전원마감잭	1,500원	베스트조명(11번가)
블랙 아트콘 등기구 2개	10,400원	베스트조명(11번가)
ㄱ자 연결잭	2,500원	베스트조명(11번가)
방문: 유성페인트 노란색	10,000원	KCC(온·오프라인)
시너, 페인트롤러, 페인트트레이		철물점
선반 나무(2300×1800mm) 집성목 18T	55,000원	목공소
오일스테인 오크색	10,000원	KCC(온·오프라인)
T5 LED 전구색 조명등	10,000원대	동네 전파사
핸디코트(워셔블)	10,000원대	철물점, 페인트가게
은색 시트지 2마	16,000원(1마당 8,000원)	손잡이닷컴
전동드릴		주민센터(신분증 지참)나 철물점에서 대여 가능

*의뢰인 집의 주방등은 중고제품이라 똑같은 것을 구입하기 어려우나 빈티지등으로 검색하면 3만 원대로 구입 가능.

큰방(침대방), 거실 및 주방, 작은방 공통 재료

준비물	비용	판매처 or 상품명
핸디코트 라이트 18Kg	15,000원대	오픈마켓(11번가)
빈티지 스타코 벽면용 20kg	80,000원대	오픈마켓(11번가)
수성코팅제(유광)	10,000원	KCC(온·오프라인)
흙손, 고무헤라(혹은 뿔헤라, 플라스틱헤라)	각 2,000원부터	철물점
데코타일(3T) 오크색 9상자	17,000원(1상자당)	하나리빙
친환경 데코타일 본드 10kg	12,000원	하나리빙
실리콘	2,000원부터	철물점·오픈마켓
커터칼, 코팅 면장갑, 드라이버		

Self
Interior
Start!

▶▶▶ **벽**

두 방 중 그나마 채광이 조금이라도 나은 이곳을 침대방으로 사용하기로 했다. 아기자기하고 개성 강한 소품을 많이 수집한 의뢰인의 취향과 3D애니메이터라는 직업을 고려해서 벽은 노출콘크리트 느낌으로 세련되어 보이면서도 개성 있는 공간의 느낌을 줄 참이다. 단 거실 및 주방을 노출콘크리트로 꾸미는 만큼 이곳은 한쪽 벽면만 그 효과를 주어 포인트 느낌을 살린다.

벽 한쪽을 제외하고 핸디코트**A**로 입체적인 질감을 준다. 핸디코트만 하더라도 종류가 다양하다. 일반적인 핸디코트, 습기에 강한 워셔블, 핸디코트보다 무게가 가벼운 라이트 핸디코트 등. 주로 마감재로 쓰이기 때문에 용도에 맞게 고르면 된다. 이 작업에서는 벽지 위에 바르는 것을 고려해서 일반적인 핸디코트보다 가벼운 핸디코트 라이트 제품을 쓴다. 핸디코트 라이트를 흙손(흙일을 할 때에, 이긴 흙이나 시멘트 따위를 떠서 바르고 그 겉 표면을 반반하게 하는 연장)에 덜어 벽에 바른다. 질감을 표현하는 것이 맞긴 하지만, 한곳에 너무 집중적으로 바르지 말고 전체적으로 골고루 평평하게 바르는 것이 좋다.**B**

방 전체 벽면 네 곳에 핸디코트 라이트를 발라준다. 페인트와 마찬가지로 작업할 때는 기본적으로 2회를 한다. 처음 바를 때는 골고루 바르고 완벽하게 건조한 다음, 두 번째 작업할 때는 핸디코트가 발리지 않은 곳을 중점적으로 바른다. 참고로 얇게 바른 핸디코트를 완전하게 건조하는 데는 약 하루 정도가 소요된다.**C**

보통 노출콘크리트라고 하면 시멘트벽에 코팅을 발라준 것으로 생각한다. 하지만 노출콘크리트 벽에 사용되는 제품은 따로 있다. 바로 '스타코'라고 하는 건축 내·외부용 마감재다.**D** 친환경 제품이어서 안심하고 사용해도 괜찮다. 핸디코트를 2회 이상 바른 벽지 위에 노출콘크리트 마감재(스타코)를 바르면 된다. 참고로 상업용 작은 공간에서 인테리어를 할 때 노출콘크리트 작업을 하고 싶다면 합판이나 석고보드 위에 핸디코트를 바르고 완전하게 건조하는 것이 좋다. 그 위에 노출콘크리트 마감재를 바른 다음 한 번 더 완벽하게 건조한다. 그리고 나서 수성코팅

제를 바르고 건조해준다. 수성코팅제는 굳이 바르지 않아도 되지만, 상업적 공간이든 가정집이든 마감 후 가루가 날리는 현상이 벌어지기도 한다. 이러한 현상을 방지하기 위해서라도 코팅제를 발라주는 것이 좋다.

핸디코트를 바르는 작업과 마찬가지로 스타코도 역시 2회 이상 발라야 한다.E, F 핸디코트에 비해 스타코는 점성이 묽어서 벽에 바르는 작업이 수월하다. 일부러 핸디코트 라이트를 썼지만, 스타코 또한 무게감이 있어 두껍게 바르기보다 최대한 얇게 그리고 골고루 바르는 데 신경을 썼다. 스타코를 바르고 하루 정도 완전하게 건조한 다음 혹시 가루가 날리는 현상이 있을지 몰라 수성코팅제를 발라주었다. 수성코팅제는 무광, 반광, 유광G이 있다. 노출콘크리트 벽에는 광이 있는 것이 훨씬 빈티지하면서도 고급스러운 느낌을 살릴 수 있다.H 때문에 나는 유광 수성코팅제를 선택했다. 참고로 핸디코트만 바른 세 벽 면에도 코팅제를 발라주었다.

▶▶▶ **바닥**

벽의 컬러가 화이트(핸디코트), 그레이(노출콘크리트) 두 톤이어서 바닥은 두 색과 조화를 고려해야 했다. 바닥재는 대개 장판 혹은 데코타일로 결정하기 마련이다. 장판은 프린팅이 되어 있어 투 톤의 벽과 자연스럽지 못할 가능성이 높았다. 나는 오크 색 데코타일(3T)로 바닥재를 선택했다. 방의 컨셉이 '핸디코트+노출콘크리트'의 빈티지한 방이기 때문에 밝은 색보다 묵직한 색이 더 어울릴 것으로 생각했다.

먼저 기존 장판을 걷어내고 깨끗이 청소해서 이물질을 제거했다. 그러고 나서 뿔헤라(혹은 고무헤라, 플라스틱헤라)로 데코타일 본드를 아주 얇게 바른다. 약 10~15분 정도 되면 본드가 불투명한 상태에서 투명하게 바뀐다. 이때 데코타일을 붙이기 시작한다. 한 장 한 장 붙이다 보면 방 끝에 빈 공간이 나오는데, 빈 공간의 크기에 맞게 커터칼로 데코타일을 재단하고 붙이면 된다. 이 공간은 따로 걸레받이를 하지 않았다. 투 톤의 벽면과 묵직한 컬러의 바닥색에 걸레받이까지 하면 빈티지한 맛이 줄어들 것 같았다. 설레받이를 날고 싶거나 달아야 할 경우라면 데코타일을 깔고 나서 붙여줘도 된다. 걸레받이까지 아니더라도, 벽과 바닥의 경계면을 투명 실리콘으로 메워줘도 좋다.

이 방과 같이 벽과 바닥을 모두 교체하고 싶다면 페인트를 칠하든 핸디코트를 바르든 벽면 작업을 먼저 한 다음에 바닥을 교체해야 하는 것이 인테리어의 기본이다. 벽을 작업하다 보면 뜻하지 않게 이런저런 인테리어 재료들이 바닥에 떨어지기 마련이다. 개중에는 쉽게 지울 수 없는 것들도 있다. 기본사항이이지만, 한 번 더 강조하고 싶은 것이 있다. 벽에 페인트를 칠하든 핸디코트를 바르든 기존 벽지는 절대 벗겨내서는 안 된다. 도배, 페인트, 핸디코트, 스타코(노출콘크리트 마감재) 등은 시멘트 벽이 아니라 기존 벽지 위에 작업한다.

▶▶▶ 조명

벽과 바닥의 색깔이 무거운 만큼 조명은 밝은 것이 좋다. 빈티지한 분위기에 어울리면서도 조명등만의 개성이 묻어나는 원형 조명등을 선택했다.**O** 이 조명등에 부식페인트를 발라주면 멋스럽고 빈티지한 분위기를 연출할 수 있다. 부식페인트는 산화작용을 일으켜 자연스럽게 빈티지한 느낌을 살려준다.

모양이 어떻든 조명등을 교체하는 방법은 똑같다. 먼저 누전차단기(일명 '두꺼비집')를 내린 다음**P**, 형광등을 빼내고,**Q** 기존 조명등을 나사로 빼낸다.**R** 그러면 전선커넥터와 전선 두 개가 나타난다.**S** 기존 조명등과 연결되어 있는 전선 두 개를 빼내고, 새로운 조명등의 전선을 연결해준다.(어느 전선을 어느 커넥터에 연결하든 상관없다.)**T** 새로운 조명등을 천장에 고정한 다음 차단기를 올려주고 불이 들어오는지 확인한다.**U** 이 공간은 의뢰인의 취향에 중점을 두어서 1구짜리 조명등을 달았지만, 사실 방에는 1구보다는 최소 2~3구의 조명등을 다는 것을 추천한다.

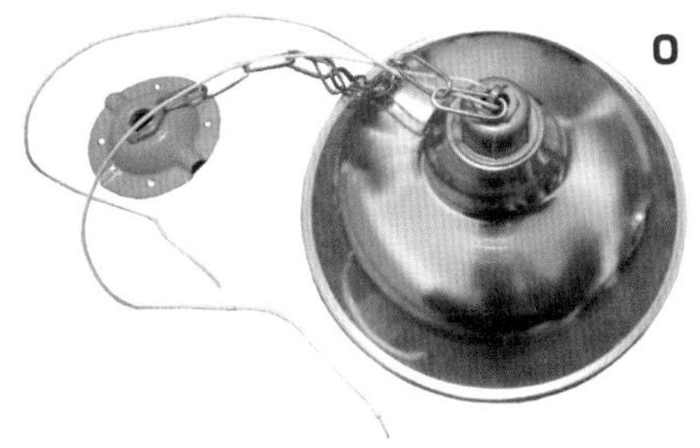

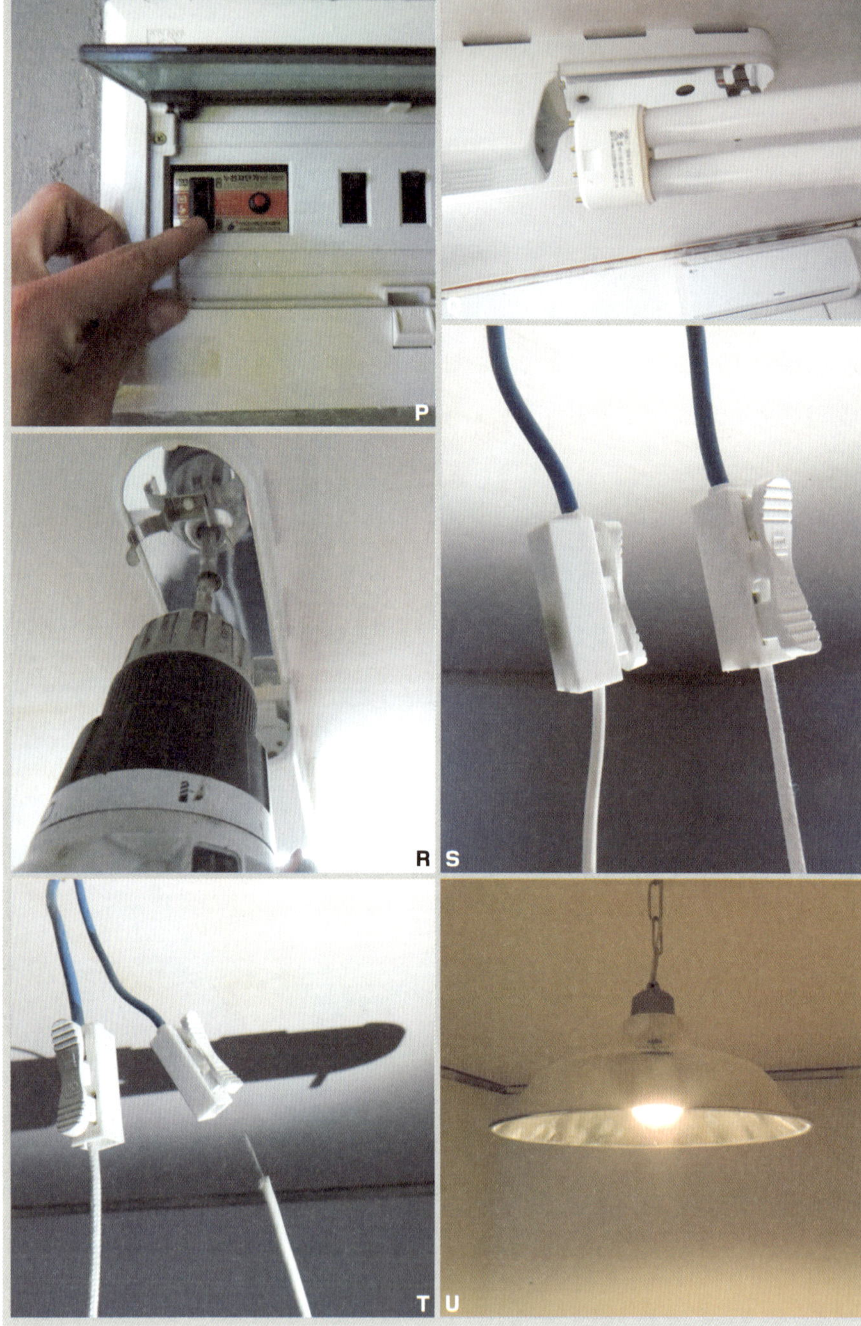

AFTER

▶▶▶ 벽, 바닥

작은 평수의 집에 있는 거실은 대개가 의뢰인의 집과 같이 좁고 길쭉한 경우가 많다. 가구를 들여놓기도 참 애매한데, 의뢰인의 집은 햇빛조차 들지 않아서 노출콘크리트로 벽에 포인트를 주려고 했던 것이다. 노출콘크리트를 사용한 공간(커피숍, 사무실 등)은 대체로 채광이 좋은 곳이 없다. 어두운 공간에서 빈티지한 느낌을 살리려면 노출콘크리트가 대단히 효율적이다.

핸디코트 라이트를 바르고 완전하게 건조한 다음, 한 번 더 발라준다. 두 번째 바를 때는 잘 발리지 않은 곳을 보완해준다는 생각으로 작업한다.**A** 핸디코트가 확실하게 건조된 것을 확인하고 고무헤라(혹은 뿔헤라, 플라스틱헤라)로 노출콘크리트 마감재(스타코)를 발라준다.**B** 얇게 펴바르되 기존 핸디코트가 보이지 않게 벽을 채워준다.**C, D** 건조되었으면 수성코팅제(유광)**E**를 롤러로 발라주고 마지막으로 건조해준다. 앞서 이야기했듯이 노출 콘크리트 마감재를 사용할 경우 무광보다는 광이 있는 광택제가 잘 어울린다.**F**

기존 장판을 제거한다. 장판을 제거하고 어떻게 처리해야 하는지 묻는 이들이 있는데, 돌돌 말아서 문 밖에 놔두면 얼마 안 있어 사라진다. 헌 장판도 고물상에서 수거하는 물품인 듯하다. 바닥을 제거하는데, 예상 외로 먼지가 엄청났다.**G** 장판 아래 있는 먼지이지만, 그동안 의뢰인의 건강은 이상이 없었는지 걱정이 들 정도였다.

깨끗이 청소한 바닥을 잘 말리고, 데코타일 본드를 바른다.**H** 10~15분 정도 기다려 본드가 투명해지면 타일을 붙인다.**I, J**

A
B
C
D
E
F
G
H
I
J

▶▶▶ **조명**

원룸은 말 그대로 방 하나로 된 공간이어서 '복도'라는 개념이 없다. 하지만 의뢰인의 집은 거실이라기엔 좁고 길쭉한 '복도' 느낌의 공간이 있다. 이곳은 채광이 좋지 않아서 따로 빛이 들지도 않는다. 이러한 공간에는 레일등을 설치하는 것이 가장 바람직하다. 레일등은 가격도 저렴하고, 종류도 다양할 뿐 아니라 불빛을 비추고 싶은 곳에 비출 수 있다.

먼저 누전차단기(일명 '두꺼비집')의 전원을 내리고, 기존의 등을 제거한다. 의뢰인 거실의 조명등은 3구로 지지대가 연결되어 있었다.**K** 기존 조명등을 제거하면 원래 설치되어 있는 전선(파란색)과 조명등에서 나온 전선(노란색)이 보인다.**L** 이 전선을 이어주는 절연테이프를 떼어내고, 기존 조명등의 지지대를 분해하고, 레일 부속품의 전원마감잭과 원래 설치되어 있는 전선(파란색)을 연결한다.**M** 전원 마감잭과 레일을 연결한 다음, 천장에 고정한다.**N**

기존 조명등의 지지대가 있던 자리의 누런 벽지가 거슬리면**O** 저 부분만 도배하고 나서 레일을 고정하면 된다.**P** 레일에 조명등을 연결하고, 불빛을 비추고 싶은 곳에 맞춰 고정해놓으면 좁고 기다란 공간도 나름의 운치를 살릴 수 있다.**Q**

K
M
N
O
P
Q
KOREA

▶▶▶ 방문 페인팅

방문에 페인트를 칠한다고 집 안 분위기가 얼마나 달라질 수 있을까? 인테리어를 처음 해보는 사람이라면 한 번쯤 고민해봄직한 문제일 것이다. 어떤 컬러로 어떤 방식으로 작업하느냐, 선택하기 나름인데 기존의 방문 컬러나 무채색의 컬러로 페인팅을 한다면 눈에 띄는 변화를 이끌어낼 수 없다. 하지만 선명한 원색을 쓰면 놀라울 만큼 분위기가 달라진다.

의뢰인의 집은 벽을 노출콘크리트로, 바닥은 진한 오크 색으로 무게감을 주었다. 기존 방문에도 변화를 주어야 하는데,R 방문까지 어두운 컬러로 하면 칙칙한 느낌을 줄 수 있다. 생기를 불어넣으면서도, 빈티지한 공간에 팝아트 같은 느낌을 주고 싶었다. 그래서 선택한 컬러는 다름 아닌 노란색!S 페인트는 기름이 기본 성분으로 된 유성페인트를 쓴다. 수성페인트와 유성페인트는 기본 성분이 다르기 때문에 색의 선명도가 뚜렷하게 구별된다. 유성페인트를 쓸지, 수성페인트를 쓸지는 페인트를 칠할 곳이 어떤 재질로 되어 있느냐에 따라 결정된다. 이 방문은 시트지가 발린 것이 아니라 일반적인 나무 재질로 만들어졌다. 또한 이미 연한 핑크색 페인트가 칠해져 있어서 따로 젯소 작업을 하지 않고, 유성페인트를 발라줘도 된다.T 유성페인트, 수성페인트 모두 원액을 그대로 써도 상관없지만, 원액으로만 페인팅을 하다 보면 잘 발리지 않아 애를 먹기도 한다. 수성페인트는 전체 페인트 양의 5% 이내로 물을, 유성페인트는 전체 페인트 양의 5% 이내로 시너를 섞어주면 작업이 훨씬 쉽다.U 유성페인트는 페인트 자체에 광이 나고, 나무문에 바르면 코팅의 기능도 하기 때문에 수성페인트를 칠하고 나서 꼭 해야 하는 바니쉬를 발라주지 않아도 된다.V

방문 페인팅을 할 때 유념해야 할 것이 있다. 거실에 있는 방문의 컬러는 거실의 전체 분위기에 맞춰 선택한 것이다. 그렇다면 노란색 방문은 침대방과 어울릴까? 벽을 화이트와 그레이 투 톤으로 맞춰놓았는데, 방문이 노란색이면 지나치게 현란한 느낌을 줄 수 있다. 더구나 침대방이란 공간적 특성을 떠올리면 오히려 색의 피로감을 줄 수 있다. 때문에 침대방의 방문은 기존의 화이트 톤을 유지하기로 했다.**W** 즉 거실을 바라보는 방문에만 페인팅을 했다.**X** 방문을 페인팅 한다고 앞과 뒤 전체를 칠해야 하는 법은 없다. 각각 공간의 컨셉에 맞춘 연출은 충분히 가능하다.

AFTER

▶▶▶ 벽

주방 또한 집의 전체적인 분위기에 어울리도록 꾸밀 생각이었다. 벽은 노출콘크리트, 바닥은 오크 색 데코타일, 방문까지 선명한 노란색 페인팅을 작업할 것을 염두에 두었다. 나는 보통 인테리어작업을 할 때 대표적인 컬러는 아무리 많이 써도 세 개까지만 쓴다. 그 이상이 되면 산만해지기 때문이다.

주방의 벽 역시 핸디코트와 노출콘크리트 마감재(스타코)를 활용했다. 주방 공간이 넓지 않고, 주방용품이 별로 없는 의뢰인이 상부장을 제대로 활용하지 않고 있어서 과감하게 제거했다.**A** 공간이 넓어 보이는 오픈형 키친의 느낌을 살려보았다. 상부장이 있던 자리에는 선반을 달기로 하고, 깨끗하고 상태가 좋은 싱크대는 굳이 교체하지 않고 하부장에 은색 시트지를 붙여 그레이 톤으로 전체적인 색감을 맞추기로 했다. 기존 상부장을 제거하고, 그 자리에 핸디코트를 1회, 스타코 2회 칠 작업을 했다. 싱크대 위아래 사이의 핑크색으로 된 기존 타일 역시 핸디코트를 발라준다. 단 싱크대란 공간적 특성상 물이 튈 수 있는 확률이 높아 일반적인 핸디코트보다 물에 강한 '핸디코트 워셔블'을 사용했다. 골고루 발라준 다음**B** 노출콘크리트 마감코팅제로 노출콘크리트를 바른 부분과 핸디코트를 바른 부분 모두에 발라준 다음 건조한다.**C, D**

벽이 잘 말랐으면 이제 선반을 단다. 의뢰인의 주방용품의 양을 보아하니 선반은 2단 정도면 충분해 보인다. 선반을 달고 싶은 자리에 브래킷을 맞춰 나사가 들어갈 자리를 표시하고**E**, 전동드릴로 구멍을 낸다. 이 작업을 하기 전에 반드시 확인해야 할 것이 있다. 알다시피 타일 위에는 핸디코트를 발랐다. 전동드릴의 모드를 해머(망치)**F**에 맞춰놓으면 타일이 깨지게 된다. 반드시 드릴모드(드릴 모양)**G**에 맞춰놓고 사용한다. 구멍을 제대로 뚫었다면 그 이후에 해머모드로 사용해도 된다. 구멍이 뚫린 자리에 앵커를 넣고**H**, 브래킷과 함께 나사로 고정해준다.**I**

선반용 나무는 집성목 18T를 가장 많이 쓴다. 가격도 저렴하다(2300×1800mm 기준 약 55,000원). 하지만 이 목재는 나무 재질로 판매되기 때문에 주방 공간에서 쓰다 보면 물이 닿아 썩거나 갈라질 수도 있다.**J** 유성착색료인 오일스테인(oil stain)**K**을 선반에 쓸 목재에 발라주면 된다. 오일스테인은 나무가 오염되는 현상을 줄여줄 뿐 아니라 기름 성분이어서 코팅 기능을 하는 것은 물론, 색깔이 다양해서 원하는 색을 고를 수도 있다. 오일스테인을 바르기 전에 우선 목재의 상태를 확인한다. 내가 구입한 목재는 코팅이 되지 않아서 사포질을 할 필요는 없었지만, 목재에 코팅이 되어 있으면 반드시 사포질을 해줘야 한다. 오일스테인 원액을 붓으로 목재에 골고루 바르고 반나절 정도 건조한다. 사진**L**의 왼쪽 긴 목재는 2회, 오른쪽 짧은 목재는 3회 정도 칠을 해주고 말리는 작업을 반복한 후의 모습이다. 원하는 색상이 나오지 않는다면 건조한 다음 덧칠작업을 해도 된다. 바닥과의 조화를 위해 선반 역시 '오크 컬러'로 정한다. 목재가 다 건조된 걸 확인한 다음 브래킷에 놓으면 선반 설치가 끝난다.**M**

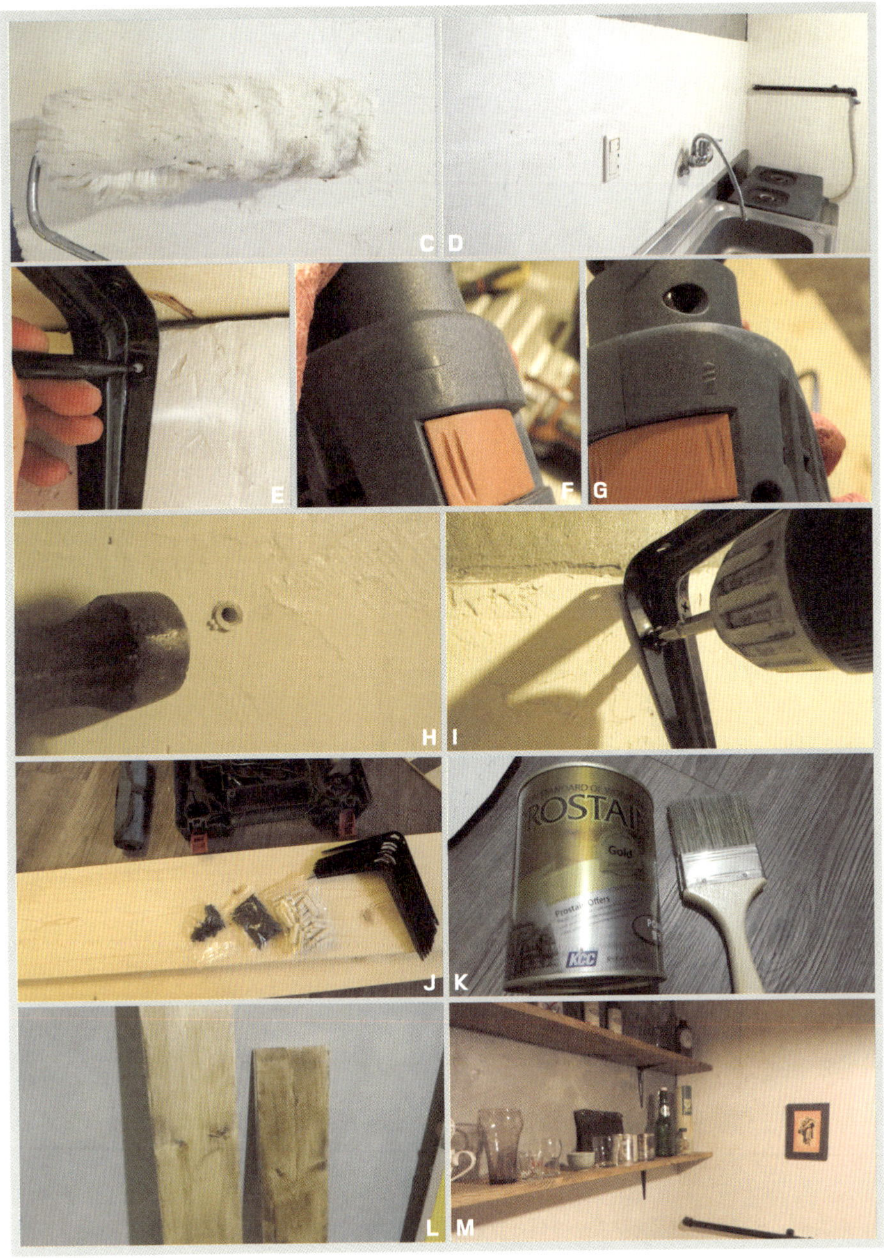
C D
E
F G
H I
J K
L M
ROSTAIN
Gold
Prostain Otten
KCC

▶▶▶ **싱크대**

싱크대의 표면이 깨끗하다면 시트지를 사용하는 것이 좋다. 의뢰인의 싱크대는 오래되었지만 표면이 깨끗하고 깔끔해 보였다.**N** 상태만 놓고 보면 손을 볼 이유가 없다. 하지만 전체적인 분위기를 볼 때 놔둘 순 없는 상황. 싱크대를 리모델링 하는 방법은 페인팅과 시트지 부착, 두 가지가 있는데 이렇듯 원상태가 좋을 경우 나중에 제거할 수 있는 시트지를 사용하는 방법을 추천한다. 이번 의뢰인은 상관이 없지만, 전월세 세입자는 계약기간이 완료되었을 때 원상복구의 의무가 있기도 하다.

시트지도 날이 갈수록 디자인이나 질이 굉장히 높아져 연출할 수 있는 방법도 다양해지고, 효과도 제법 높다. 나는 오크 색 바닥재와 선반의 컬러를 맞추고, 싱크대는 바로 위에 설치할 조명 불빛과 노출콘크리트 벽에 컬러를 맞출 생각이었다. 전체적인 통일감이 유지되면서 군데군데 보이는 노란색 방문이 컬러의 포인트 역할을 하는 것이다.

싱크대 하부장 문을 분리하고,**O** 시트지를 싱크대 문보다 조금 더 여유 있게 자른 다음**P** 고무헤라로 밀어주면서 붙여준다.**Q** 인테리어필름지나 두꺼운 시트지를 사용하여 싱크대를 꾸밀 때도 작업과정은 똑같다. 플라스틱 헤라 혹은 마그네틱 카드로 밀어도 되지만, 자칫 잘못하면 시트지에 자국이 남을 수 있는데, 고무헤라를 사용하면 깨끗하게 붙일 수 있다. 모서리 부분은 남은 시트지를 칼로 잘라내고 붙이면 된다.**R, S**

N
O
P
Q
R
S

▶▶▶ 조명

조명등, 가구 등 인테리어 소품은 실제 매장에 가서 구입하더라도 나는 가장 먼저 인터넷에서 검색을 하고 사양을 살펴본다. 각 제품의 특성과 장단점을 따져 보고 어디서 구입할지를 결정하는데, 검색하다 보면 간혹 중고장터에서 빈티지하면서도 독특한 소품을 저렴한 가격에 구입할 수 있다. 의뢰인의 주방에 쓸 조명등 역시 중고제품으로 구입했다.**T**

1구 조명등만 달면 공간에 은은한 분위기를 연출할 수 있지만, 어두운 느낌을 지울 수 없다.**U** 이럴 땐 간접조명을 사용하면 불빛이 필요한 공간에 조명을 달 수 있을 뿐 아니라 은은한 느낌을 더욱 살릴 수 있다. 나는 간접조명으로 T5 LED 등을 사용했다.**V** 길이에 따라 가격이 다르지만, 여느 조명과 비교해도 저렴하고, 주방뿐 아니라 침대 머리맡, 현관, 거실 등 어느 곳에도 고정할 수 있다.

설치 방법은 간단하다. 설치하고 싶은 곳에 T5 조명등의 브래킷을 고정한**W** 다음 조명등을 끼워넣으면 된다.**X** 참고로 T5 등은 환기구 콘센트를 사용해서 연결했다. 환풍기가 있는 주방이라면 콘센트가 존재한다. 의뢰인의 주방은 상부장을 제거해서 콘센트를 사용할 수 있었다. 여유 콘센트가 없으면 2구 멀티탭을 사용하면 된다. 의뢰인이 좋아하는 캠핑용품을 선반 위에 놓았다. 남자의 취향에 맞춰서 진열했는데, 안개꽃(드라이플라워 형태)을 놓아준다면 더욱 빈티지한 멋을 낼 수 있을 것 같다.

AFTER

▶▶▶ 벽, 바닥, 책상

이 방은 1.5평 정도 되는 작은 공간이다. 워낙 좁은 까닭에 의뢰인은 딱히 용도를 정하지 않은 듯싶었는데, 이곳은 의뢰인의 작업공간으로 쓰기로 했다. 벽은 침대방과 마찬가지로 핸디코트를 사용했고, 밋밋하지 않게 한쪽 벽에 노출콘크리트 마감재(스타코)를 발랐다. 바닥 역시 오크 색 데코타일을 사용했다. 공간이 협소해서 가구는 작업용 책상 외에는 책장을 놓지 않을 생각이었다. 하지만 공간이 너무 썰렁한 느낌이 들 것 같아 책상과 색을 맞춘 선반을 책상 위 벽면에 설치했다.

무궁무진한 빛깔의 미래를 담은 캔버스

의뢰인은 요즘 타투에 관심이 생겼다고 했다. 인테리어 작업을 하기 전에는 심적 방황을 겪는 사람이 그렇듯 감정 기복도 크고, 의뢰인이 굉장히 감성적일 거라고 생각했다. 하지만 만나볼수록 성격은 예상과 전혀 달랐다. 인내심도 많고, 굉장히 과묵했다. 그만큼 속도 깊었다. 그가 구입한 소품 하나하나에서 미적 감각과 센스를 엿볼 수 있었는데, 그는 머리와 마음에 담긴 생각과 감정을 말로 이야기하기보다 창작으로 표현해내는 예술가였다.

나는 의뢰인에게 맞는 인테리어 소품은 뭐가 좋을지 궁리해보았다. 창작욕구를 더욱 일으킬 수 있는 특별한 선물을 해주고 싶었다. 또한 이제 방황은 그만하고, 새롭게 꾸민 이 공간에서 새로운 무엇인가를 할 수 있는 데 도움이 되는 소품을 만들고 싶었다.

캔버스, 크레용, 글루건, 헤어드라이어를 준비한다.1 글루건으로 크레용을 캔버스에 붙인다.2 크레용을 감싸고 있는 종이는 제거하지 않는다. 드라이어로 녹이는 과정에서 크레용과 기름이 분리되는데, 이 종이를 제거하면 기름까지 캔버스에 흘러들어 지저분해지기 때문이다.

드라이어의 뜨거운 바람으로 크레용을 녹이기 시작한다.3 바람의 세기를 약하게 해야 녹은 크레용이 캔비스 밑에끼지 떨어지지 않는다. 이 소품은 선반에 올려둬도 좋고, 침대 머리맡에 걸어놔도 독특한 분위기를 연출할 수 있다.

크레용에서 캔버스로 뿜어나오는 다채로운 빛깔처럼 의뢰인의 창작욕구 또한 무궁무진한 빛을 뿜어내길 기원한다.

준비물: 캔버스(5,000원대/화방), 크레욜라(2,000원대)

여섯 집의 오지랖프로젝트를 끝마치고, 원고를 탈고하고 보니 어느새 계절이 여름으로 접어들었다. 여섯 집의 원고를 하나하나 마감할 때마다 의뢰인들이 떠올라 휴대폰을 꺼내들었다.

첫 번째 집, 논현동의 세무사 친구.
이제는 나와 친구가 된 그는 자주 보지 못할 정도로 여전히 바쁘다. 하지만 퇴근 후 집에 들어올 때면 자신이 꿈꾸었던 공간이 펼쳐진다는 생각에 매일매일이 새롭다며 나에게 감사를 전했다.

두 번째 집, 결혼을 약속한 연인과 헤어지고 새로운 출발을 꿈꾸던 역삼동 형님.
형님은 산티아고 순례길 걷기여행을 구체화하고 있다. 스페인으로 향하기 전 예행 연습 삼아 이번 여름휴가를 국토 종주로 잡았다고 한다.

세 번째 집, 무악재 순둥이.
순둥이는 일자리를 얻어 사회생활에 첫 발을 내딛었다. 직장 일이 성에 차지 않지만, 첫술에 배부를 수 없지 않느냐며 의젓하게 말한다.

네 번째 집, 광고 분야에서 일하는 이태원 누나.
누나는 일러스트 책을 출간할 목적으로 샘플 그림을 그리고 있다. 나와 함께한 셀프인테리어가 그렇게 힘든 일인 줄 몰랐다고 했지만 일하는 동안 기분이 굉장히

좋았다며, 그 즐거운 활력이 일상에까지 이어진 것 같다며 밝은 목소리로 이야기
한다.

다섯 번째 집, 연이은 가족과의 사별로 슬픔에 젖어 있던 상도동 누나.
누나는 집에 꽃을 들여놓기 시작했다. 시간이 날 때마다 화훼시장에 들러 꽃을
사들고 집으로 향하는데, 자신의 변화된 모습에 스스로 놀란다고 한다.

여섯 번째, 신림동의 3D 애니메이터.
그는 다시 회사로 돌아가지 않았다. 안정된 직장이나 소속감에 대한 미련이 더 이
상 남아 있지 않다고 했다. 대신 하고 싶은 일이 생겼다. 자기 홀로 무엇을 새롭게
만들어내는 일을 하고 싶다며 현재 타투를 열심히 공부하고 있다고 한다.

다들 이전과 다르게 살아가는 모습을 보니 뿌듯했다. 특히 상도동 누나에게서 생
각지도 못한 놀랄 만한 이야기를 들었다.
"제이쓴, 넌 네가 얼마나 대단한 일을 한지 모르지? 넌 단순히 공간을 바꿔준 게
아니라 한 사람의 인생을 바꿔줬어. 내가 꽃을 사다니, 나 자신이 이렇게 변할 줄
은 나도 몰랐어. 아마 나뿐만이 아닐 거야. 오지랖프로젝트를 함께했던 의뢰인 모
두 미찬가지일걸?"

고백하건대 나는 감히 누구의 인생을 바꾼다는 생각은 꿈에도 해본 적이 없다.
나는 지금도 오지랖프로젝트라는 이름 아래 사람들을 만나 재미있게 작업할 뿐
이고, 그저 고맙다는 인사 한 마디면 충분하다.
그런데 내가 남의 인생을 바꾸었다니……!

공간은 사람을 닮는다고 했다. 그러니 공간을 바꾸면 사람도 역시 변화할 수 있을 것 같다.

내가 오지랖프로젝트를 처음 시작할 때 주변에서는 남 좋은 일 뭐하러 하냐며 걱정과 염려를 했다. 하지만 나는 그동안 행복하게 작업하며 내가 추구한 길을 찾은 것 같다.

오지랖프로젝트를 계속해나가면서도, 더 많은 사람들에게 도움을 줄 수 있는 방법을 고민하고 있다. 누구든지 찾아와 고민을 털어놓고, 인테리어에 관한 지식과 정보를 나눌 수 있는 작업실을 만들고 싶다. 오지랖프로젝트의 의뢰인, 이웃블로거와 지인은 물론 함께하고 싶은 사람이면 누구나 찾아올 수 있는 곳이었으면 좋겠다.

어떻게 하면 그러한 공간을 만들고, 많은 사람들이 함께할 수 있을까? 그 방법을 찾기 위해 이리저리 궁리도 하고, 고민도 하면서 당분간은 헤매지 않을까 싶다. 스무 살 시절 내가 훌쩍 배낭을 메고 다른 세상으로 떠났던 것처럼 새로운 일상을 설계하며 두고두고 고민해봐야겠다. 돌이켜보자니 오지랖프로젝트는 상도동 누나의 말처럼 누군가의 삶을 바꾼 것뿐 아니라 나의 삶 또한 바꿔주었다. 나에게도 또 다른 일상과 삶의 길을 열어주었으니까.

메일함을 확인해보니 오지랖프로젝트 신청 메일들이 눈에 들어온다.
이번엔 또 어떤 인연과 만나게 될지, 설레는 마음으로 클릭해본다.